Ragab Shaker Abdel-Rahman
Ismail Abd el-Khalek Ismail
Ezz El-Dine Abdel Samea El-Shazly

# Cochonilha Pulvinaria tenuivalvata infestando a cana-de-açúcar

Ragab Shaker Abdel-Rahman
Ismail Abd el-Khalek Ismail
Ezz El-Dine Abdel Samea El-Shazly

# Cochonilha Pulvinaria tenuivalvata infestando a cana-de-açúcar

ScienciaScripts

**Imprint**



Cover image: www.ingimage.com

This book is a translation from the original published under ISBN 978-3-659-84659-5.

Publisher:
Sciencia Scripts
is a trademark of
Dodo Books Indian Ocean Ltd. and OmniScriptum S.R.L publishing group

120 High Road, East Finchley, London, N2 9ED, United Kingdom
Str. Armeneasca 28/1, office 1, Chisinau MD-2012, Republic of Moldova, Europe
Printed at: see last page
**ISBN: 978-620-8-30176-7**

# ÍNDICE

# Cochonilha *Pulvinaria tenuivalvata* (Newstead) infestando a cana-de-açúcar

**Dr. Ragab Shaker Abdel-Rahman**[1]

**Prof. Dr. Ismail Abdel-Khalek Ismail**[1]

**Prof. Dr. Ezz El-Dine Abd El-Samea El-Shazly**[2]

[1] Departamento de Pragas e Proteção das Plantas, Centro Nacional de Investigação, (12622), Dokki, Giza, Egito.

[2] Departamento de Entomologia Económica, Faculdade de Agricultura, Universidade do Cairo, Giza, Egito.

A cana-de-açúcar *(Saccharum officinarum* L.), família: As gramíneas são consideradas uma das mais importantes culturas de campo cultivadas não só no Egito, mas também em todo o mundo. É produzida em 69 países de regiões tropicais e subtropicais. A área cultivada de cana-de-açúcar no mundo é de cerca de 47 milhões de feddans, produzindo 72% da produção mundial de açúcar. A área cultivada de cana-de-açúcar no Egito é de cerca de 312 mil feddans.

A cana-de-açúcar é a principal fonte de produção de açúcar; produz 70% da produção total de açúcar a nível local (1,4 milhões de toneladas) **Besheit *et. al.* (2002) e Salama *et. al.* (2006)**. A cana-de-açúcar é cultivada no Egito não só para a produção de açúcar, mas também para a produção de sumo fresco. Todas as partes das plantas de cana-de-açúcar são utilizadas no Egito, porque o açúcar, o melaço e outras indústrias secundárias são produzidos a partir de caules e folhas consumidos por animais, enquanto as raízes e as folhas secas são queimadas no solo.

No entanto, a sua produção tem sido seriamente ameaçada pelo ataque de muitos tipos de pragas de insectos que conduzem a perdas na qualidade e quantidade do rendimento da cultura. A praga mais eficaz é a cochonilha vermelha (R.S.S.S.), *Pulvinaria tenuivalvata* (Newstead). Apareceu pela primeira vez como uma nova praga que atacava as plantações de cana-de-açúcar na região de Attfieh, província de Gizé, em meados da década de 1990; em poucos anos, espalhou-se pela maioria das áreas de cultivo de cana-de-açúcar. Os danos são causados por uma forte murchidão devido ao esgotamento da seiva e pelo crescimento de bolor fuliginoso nas excreções de melada que revestem as superfícies das folhas; ambos prejudicam a fotossíntese e podem causar a secura e queda das folhas e uma redução acentuada da qualidade e quantidade da produção. Os surtos ocorrem quando os equilíbrios naturais são perturbados por condições meteorológicas severas e/ou por intervenção humana, por exemplo, a utilização intensiva de insecticidas pode matar todos os inimigos naturais; níveis elevados de azoto solúvel promovem infestações intensas.

Uma vez que o açúcar e/ou o sumo de cana-de-açúcar são utilizados para consumo humano, é preferível evitar a utilização de insecticidas químicos sintéticos convencionais para o controlo desta grave praga, sendo necessário um método mais seguro.

Entre as várias vias exploradas, os bio-insecticidas de origem vegetal podem oferecer uma solução melhor.

O presente trabalho tem, portanto, como objetivo elucidar os seguintes tópicos

1- Certos aspectos ecológicos da cochonilha vermelha da cana-de-açúcar na região de Attfieh, província de Gizé, durante duas épocas de crescimento sucessivas da cana-de-açúcar, 2002/2003 e 2003/2004, para determinar a distribuição e a densidade populacional desta praga de insectos e para estudar o efeito dos factores climáticos na densidade populacional dinâmica (R.S.S.S.).

2- Além disso, a biologia de *P. tenuivalvata* em diferentes plantas hospedeiras.

3- Os efeitos tóxicos e biológicos do extrato de uma planta *(Centaurium spicatum L.,* Fam.: Gentianaceae), bem como de alguns materiais (óleo mineral e biocida) em (R.S.S.S.).

4- O papel do extrato da planta e do bio inseticida na diminuição da densidade populacional desta praga e consequentemente o seu efeito no rendimento da cana-de-açúcar.

Estes estudos podem desempenhar um papel fiável na definição de um programa de gestão integrada de pragas nos canaviais, com base em determinadas preocupações ecológicas.

# Capítulo 1: Aspectos ecológicos:

## 1.1- Distribuição e densidade da cochonilha mole:

Na Índia, **Panis (1975)** registou e descreveu *Pulvinaria elongata* pela primeira vez na cana-de-açúcar em Macro. causando danos consideráveis à cana-de-açúcar. **Tatara (1987)** estudou a distribuição espacial do coccídeo *Pulvinaria aurantii* (*Chloropulvinaria aurantii*) e alguns Aleyrodids na Índia. **Dutta e Devaiah (1988)** estudaram a incidência sazonal de *Melanaspis glomerata* e do seu parasitoide *Anabrolepis mayurats (Adelencyrits mayurai)* na cana-de-açúcar cv.419 em Karanataka, Índia, durante 1982-83. A infestação pelo diáspide começou em meados de julho e atingiu o seu pico no final de novembro. *O Anabrolepis mayurai* apareceu no campo no final de julho e a população do parasitoide flutuou mais ou menos em sincronia com o seu hospedeiro. **Avasthi e Shafee (1989)** estudaram os géneros indianos da subfamília Coccinae, *Ceroplastes cajani, Megapulvinaria maxima, Parasaissetia nigra, Saissetia coffeae, S.oleae* e *S. privigna*, com pormenores sobre as plantas em que foram recolhidos. **Bhagat *et al.* (1991)** registaram novos insectos cochonilhas (Homoptera: Coccoidea) e dezoito plantas hospedeiras do vale de Caxemira, Índia. As espécies de coccídeos mais importantes identificadas foram *Pulvinaria borchsenii* (em *Populus caspica*); *Pulvinaria inconspiqua* (em *Celtis australis*) e *Chionaspis furfura* (em *Prunus armeniaca* (damascos)). *Pulvinaria borchsenii* e *Chionaspis furfura* foram registadas pela primeira vez em Caxemira. *Pulvinaria inconspiqua* foi parasitada pelo braconídeo *Apanteles sp.* Foram dadas notas biológicas para cada espécie de coccídeo.

[th]*Pulvinaria iceryi* (Sign.), causou ataques graves às culturas de cana-de-açúcar na Maurícia desde meados do século XIX. Ocorreram quebras generalizadas e a infestação aumentou de forma constante desde o final de 1976 até ao final de maio e início de junho de 1977, estimando-se que cerca de 10000 pais (cerca de 10400 acres) foram afectados. Calculou-se que cerca de 2000 t. de cana e 2500 t de açúcar seriam perdidas. Foram registados ataques localizados das cochonilhas *Pulvinaria iceryi [Saccharipulvinaria iceryi]* e *Aulacaspis tegalensis*. **(Relatório anual do Instituto de Investigação da Indústria Açucareira da Maurícia, 1978 e 1987).**

A composição dos géneros *Pulvinaria* e *Pulvinariella* foi revista, sendo fornecida uma chave para as novas 11 espécies reconhecidas em *Pulvinaria*. Um novo género e 2 novas espécies de coccídeos foram descritos por **Lotto (1979)**.

A identidade de *Licanium krugeri* Zhnt. foi estabelecida, e a espécie foi redescrita como um novo género *Saccharolecanium* por **Williams (1980)**. Originalmente conhecida de Java, a espécie é agora registada na Índia e na Malásia Ocidental em cana-de-açúcar.

**Kozarzevskaja *et al.* (1981)** estudaram a lista sistemática de 30 espécies recolhidas em parques florestais, parques e avenidas na Suíça. As espécies foram também listadas em 34 géneros de plantas lenhosas hospedeiras, registando o grau de infestação e mostrando novamente a sua nocividade, tipo de distribuição e hábito trófico. Uma das pragas mais graves foi a *Pulvinaria betulae*. Discutiram também as medidas de controlo integrado em condições urbanas. **Tao *et al.* (1983)** fizeram uma revisão dos coccídeos em Taiwan e registaram a existência de 22 géneros e 38 espécies e propuseram uma série de alterações taxonómicas. *Pulvinaria iceryi* (Sign.) foi tratada como a espécie-tipo de Saccharipulvinaria gen. e *Coccus kuraruensis* (Tak.) foi considerado um sinónimo de *Protopulvinaria mangifera* (Green.). A informação sobre estas espécies incluía a sua distribuição, as plantas alimentares conhecidas e a sua importância económica. **Malumphy (1988)** forneceu breves pormenores sobre a importância económica, o ciclo de vida e o reconhecimento de *Pulvinaria spp.* na Grã-Bretanha, onde atacavam principalmente árvores florestais de frutos secos, plantas ornamentais lenhosas e plantas de interior. A espécie mais comum na Grã-Bretanha era *P. regalis,* que foi registada pela primeira vez no país em 1964 e que, desde então, se generalizou numa série de árvores florestais no sul da Grã-Bretanha. As espécies mais importantes e económicas eram *P. vitis* nas videiras e *P. ribesiae* nas groselhas vermelhas e pretas e na groselha.

No Reino Unido e na Bélgica, **Merlin *et al.* (1988)** estudaram os ciclos de vida dos coccídeos *Pulvinaria regalis* e *Eupulvinaria hydrangeae* (*Pulvinaria hydrangeae*), que eram pragas de árvores de recreio. A oviposição de *P. regalis* ocorreu mais cedo (maio) do que a de *P. hydrangeae* (finais de junho-julho). Ambas as espécies ovipositaram em folhas e ramos, e em ramos principais e troncos, respetivamente. *P. regalis* teve uma mortalidade mais elevada na fase de rastejante do que *P. hydrangeae*. Esta última espécie teve uma mortalidade elevada quando as ninfas migraram das folhas para os ramos no outono. A invernada de ambas as espécies ocorreu no 3° instar ninfal. *P. regalis* atacou plantas dos géneros Acer, Aesculus e Tilia, enquanto as principais plantas de alimentação de *P. hydrangeae* foram Tilia, Acer, Prunus, Cornus, Deutzia e Viburnum. **Qin e Gullan (1992)** apresentaram uma revisão taxonómica das fêmeas adultas de *Pulvinariine* soft scale australianas, descrevendo 14 espécies ilustradas em pormenor. Foram propostos dez novos sinónimos (sinónimos sénior em último lugar): *Pulvinaria greeni* Froogatt com *P. dodonaeae* Maskell e *P. contexta* Froggatt com *P. floccifera* Westwood; *P. maskell var. spinosior* Maskell, *P. maskelli var. novemarticulata* Green; *P.nuytsiae* Maskell, *P.maskelli var. viminaria* Fuller, *P. newammi* Froggatt e *P. daveyi* Froggatt com *P. maskelli* Olliff; *P. darwiniensis* Froggatt com *P. psidi* Maskell; e *P. paradelpha* Cockerell &Lidgett com *P.thompsoni* Maskell. Foi apresentada uma breve revisão histórica dos géneros de Pulvinariini para a fauna mundial e foi discutida a situação deste grupo de coccídeos. *Pulvinaria iceyri* (*Saccharipulvinaria iceryi*) foi relatada ocasionalmente em cana-de-açúcar em Cuba por **Campos (1993)**. Danos similares foram observados na casa de vegetação por *P. elongata* e *P. saccharia* que foram relatados de Cuba pela 1st vez.

**Raushan e Das (1995)**, no Bangladesh, estudaram a dinâmica populacional de *Pulvinaria maxima* (Green) na cana-de-açúcar e verificaram que a ocorrência dos estádios imaturos e adultos era maior durante o mês de junho. **Sengonca e Faber (1995)**, numa zona urbana do norte de Rheinland, Alemanha, *P. regalis* teve uma geração por ano e passou o inverno na fase ninfal. Os ovos foram postos em caules e ramos entre o final de abril e meados de maio; entre meados de maio e o final de junho, os rastejantes eclodiram e estabeleceram-se nas folhas durante o verão. No outono, atingem a primeira e a segunda fase ninfal e, antes de atacarem as folhas, alimentam-se de ramos. Em abril, transformam-se em adultos. O número de machos é muito reduzido e as pupas não se desenvolvem em todos os ramos infestados. **Sengonca e Faber (1996)** estudaram o desenvolvimento da cochonilha do castanheiro-da-índia, *Pulvinaria regalis* Canard, no castanheiro-da-índia vermelho *(Aesculus times* Carnea) na zona urbana de Bona. Em segundo lugar, o crescimento da cochonilha foi determinado em plátanos (*Acer pseudoplatanus*) e castanheiros (*Aesculus hippocastanum*) a diferentes temperaturas no laboratório. A população de campo apresentou um aumento linear insignificante do comprimento do corpo entre julho e o início de dezembro. Não se observou qualquer crescimento entre dezembro e março, mas entre meados de março e o início de maio o tamanho do corpo aumentou exponencialmente. Até 12 de agosto, foram observados rastejantes de primeiro instar e ninfas de segundo instar até 29 de setembro em castanheiro-da-índia no campo. As ninfas de terceiro instar foram observadas entre 9 de setembro e 28 de abril e as fêmeas adultas de quarto instar a partir de 31 de março. No laboratório, os indivíduos de *P. regalis* no castanheiro-da-índia e no plátano só se desenvolveram a 18 graus e a uma temperatura flutuante de 20/14 graus. (16/18h). O crescimento foi fortemente afetado a temperaturas quentes de 26 graus Celsius e as cochonilhas viveram apenas algumas semanas. Apenas à temperatura flutuante de 20/14 graus (16/18h), algumas fêmeas puseram ovos no castanheiro-da-índia e no plátano a partir das 49 e 48 semanas. **Abraham e Ramachander (1998)** desenvolveram um plano de amostragem para *Chloropulvinaria psidii* durante 17 quinzenas, de meados de abril a dezembro de 1990-91, num pomar de goiabeiras em Karnataka. Os colonos seguiram uma distribuição agrupada com uma fração "k" do binómio negativo entre abril e dezembro. Em ambos os anos, a população média máxima de ninfas colonizadas foi observada nos quadrantes norte e leste, sem diferença significativa entre os dois. Concluiu-se, portanto, que a amostragem deve ser efectuada nestes dois quadrantes, com 10 folhas ao acaso em cada um deles, a leste e a norte. **Speight *et.al.* (1998)** A análise e a explicação da distribuição espacial dos organismos numa localidade eram problemáticas. Foi utilizada uma combinação de métodos analíticos padrão (Modelação Linear Interactiva Generalizada (GLIM)) com análise geoestatística para modelar as interações inseto-planta num ambiente urbano. As infestações por *Pulvinaria regalis* foram mapeadas em três espécies de árvores em Oxford, Reino Unido. Foram medidos vários parâmetros das árvores, bem como aspectos do local em que cada árvore estava a crescer. Utilizando a modelação linear geral e a geoestatística, a distribuição e a intensidade das populações de cochonilhas foram investigadas em relação a estes parâmetros. As árvores foram separadas entre as que não apresentavam sintomas de falta de vigor e as que eram claramente insalubres. Em ambos os casos, o único parâmetro que explicou grande parte da variação nas densidades de ovos de cochonilhas nas árvores foi a impermeabilidade da superfície do substrato sob as árvores, de tal forma que, à medida que os substratos se tornavam mais impermeáveis à água e aos nutrientes (por exemplo, como resultado do betão ou das estradas), maiores eram as densidades de pragas nessas árvores. Apenas para as árvores vigorosas, verificou-se que um parâmetro adicional, o da distância dos edifícios, também era significativo, pelo que as árvores muito próximas dos edifícios também apresentavam densidades elevadas de pragas. Verificou-se que a dependência espacial dos ovos de cochonilhas nas árvores era anisotrópica ao longo da área de amostragem, na direção sudoeste/nordeste, o que se deve à velocidade e à direção do vento e aos efeitos de canyon. Observação efectuada por **Fitzgibbon *et al.* (1999)**, numa análise de risco de pragas realizada para a estratégia de quarentena do norte dos serviços de quarentena e inspeção australianos, foram identificadas 213 espécies de insectos e ácaros como pragas da cana-de-açúcar em zonas a norte da Austrália, o coccídeo *Pulvinaria iceryi [Saccharipulvinaria iceryi]* , o diaspídeo *Aulacasps tegalensis* , o aleyrodídeo *Aleurolobus barodensis* , o afídeo *Ceratovacuna lanigera* e o curculionídeo *Rhyncophorus ferrugineus* foram identificados como tendo potencial de introdução e estabelecimento. **Grove (1999)** analisou a distribuição do inseto da cochonilha mole dos citrinos, *Cribrolecanium andersoni,* e referiu que a sua população aumentou após a substituição do controlo convencional de pragas por programas de gestão integrada de pragas. Os seus habitats e os danos causados às culturas de citrinos também foram discutidos *Euxanthellus philippiae, Metaphycus sp., Coccophagus pulvinariae, Neastymochus sp., Teerastichus sp.* e *Coccophagus sp.* foram encontrados a parasitar *C. andersoni* e as larvas de crisopídeos foram predadores. Em alguns casos, os inimigos naturais proporcionaram um controlo adequado de *C. andersoni.* O clorpirifos, o dimetoato, o metomil, o fenoato e o profenofos foram pulverizações eficazes em cobertura total, enquanto o metamidofos pode ser utilizado como tratamento do caule. **Hoffmann e Schmutterer(1999)** registaram uma pesquisa de cochonilhas que infestam a videira *(Vitis vinifera* ) no sudoeste da Alemanha, tendo encontrado quatro espécies, nomeadamente *Heliococcus bohemicus* , *Parthenolecanium corni* ,*P. persicae* e *Pulvinaria vitis* ,*P. persicae* pela primeira vez na Alemanha. Muito provavelmente, a espécie thermophilus imigrou da Suíça e espalhou-se para norte, para o vale do Reno, durante as últimas duas ou três décadas. *P. persicae* foi atacada por quatro espécies de parasitóides e um hiperparasitóide. A espécie mais comum foi o encyrtid *Blastothrix hungarica.* **Sengonca e Arnold (1999)** estudaram a distribuição de *Pulvinaria regalis na* Alemanha entre 1996 e 1998. Em 1998, esta praga ocorria em 34 cidades (15 em 1995) e podia ser encontrada nas zonas da Renânia e do vale do Ruhr. De Bona, no sul, até Munster (oeste da Fália), no norte, e de Aachen, no oeste, até Hagen e Dortmund, no leste, *a P. regalis* também se encontrava a sul, ao longo dos rios Reno e Neckar, nas cidades de Mainz, Loudwigshafen, Friburgo e Estugarda. O ponto mais a sul onde *a P. regalis* foi detectada em julho de 1998 foi Zurique, na Suíça. Na maioria dos casos, as plantas hospedeiras eram a tília, o ácer e o castanheiro-da-índia. **Arnold e Sengonca (2000)** Foi realizado um estudo na Alemanha em 1998 para determinar a intensidade da infestação da cochonilha do castanheiro (*Pulvinaria regalis*) em árvores ornamentais (castanheiros, tílias e áceres) em Bona, Duisburgo, Karlsruhe e Zurique. Em experiências relacionadas, a dinâmica populacional de *P. regalis* e dos seus inimigos naturais foi monitorizada em Bona e Zurique durante 1997-98. O nível de infestação mais elevado foi observado em Duisburg, em castanheiros, com 57400 larvas/m2 de área foliar. O número de larvas ou ninfas diminuiu para cerca de 30000 indivíduos em áceres e tílias. Em Karlsruhe e Zurique, as tílias foram as mais infestadas, seguidas dos áceres e dos castanheiros. A dinâmica populacional de *P. regalis* em Bona aumentou de forma constante nas três espécies hospedeiras. Em Zurique, o nível de infestação de *P. regalis* nos castanheiros estagnou, enquanto se registou um ligeiro aumento nos áceres e um surto nas tílias. Quatro espécies, nomeadamente *Exochomus quadripustulatus, Leucopis sp., Coccophagus scutellaris* e *C. lycimnia*, foram identificadas como inimigos naturais de *P. regalis*. **O' Connor e Fox (2000)** referem que a praga polífaga *Pulvinaria regalis* é nova na República da Irlanda. Os autores consideram que esta praga se irá provavelmente generalizar onde quer que existam árvores adequadas. **Jansen (2000)** analisou a ocorrência de espécies do género *Pulvinaria* nos Países Baixos. Quatro espécies ocorreram ao ar livre, uma era nativa (*Pulvinaria betulae)* e três foram introduzidas e estabelecidas (*P. floccifera [Chloropulvinaria floccifera], P. hydrangeae* e *P. regalis).* Duas espécies só eram conhecidas de intercepções durante inspecções de importação e de estufas (*P. mesembryanthemi* e *P. psidii*). Foi apresentada uma chave para as espécies.

**Arnold e Sengonca** (2003) afirmaram que o número de ninfas *de P. regalis* parasitadas foi significativamente mais elevado nas parcelas com libertação de fêmeas *de Coccophagus semicircularis*, onde foi de 9,5% com 20 e 12,9% com 30 fêmeas *de Coccophagus semicircularis* libertadas. Uma libertação combinada de 20 larvas *de E.*

*quadripustulatus* no início do verão e de 20 fêmeas de *C. semicircularis* no outono resultou numa redução de 1985,8 (46,2%) ninfas de *P. regalis* por m (2) de área foliar e num aumento do número de ninfas parasitadas para 610,4 (14,2%) por $m^2$ de área foliar, em comparação com o controlo. **Kaydan *et al.* (2001)** pesquisaram plantas selvagens e cultivadas e cochonilhas na região de Kapadokya, na Turquia, em 1999. Registaram onze espécies novas na fauna turca de cochonilhas, sendo a *Pulvinaria terrestris* o inseto mais importante.

Uma espécie de cochonilha mole (Hemiptera: Coccidae) tem-se tornado cada vez mais importante na cana-de-açúcar no Egito desde meados da década de 1990. Os nomes *Pulvinaria elongata* (Newstead) e *Saccharolecanium krugeri* (Zehntner) foram aplicados a esta praga, e amostras recentes foram identificadas como *Pulvinaria tenuivalvata* (Newstead). A identidade da cochonilha vermelha listrada da cana-de-açúcar no Egito foi confirmada como *Pulvinaria tenuivalvata,* e a possível sinonímia de *P. saccharia com P. tenuivalvata* foi discutida por **Watson e Foldi (2001/2002)**.

**Tanaka e Amano (2005)** descreveram pela primeira vez no Japão *Pulvinaria hakonensis* sp nov. O lectótipo de *Pulvinaria neocellulosa* Takahashi, 1940 é designado e a espécie é redescrita e registada.

No Egito, vários autores estudaram a distribuição e a densidade de cochonilhas moles. **Atries (1966)**, na região de Abu-qurqas, e **Tohamy (1999)**, no distrito de Mallawi, enumeraram cerca de 44 espécies de insectos associados às plantas de cana-de-açúcar na província de Minia. A bionomia da cochonilha da goiaba *Lepidosaphes tapleyi* (Williams) foi estudada por **Swailem (1972)**. Segundo ele, este inseto é uma praga importante que ataca a goiabeira e a mangueira em diferentes partes do Egito. Ele mencionou que o rastejante vagueia durante algumas horas e depois instala-se na superfície superior da folha. A duração da primeira fase larvar é de 15 a 35 dias, mas a segunda larva demora 9 a 26 dias e a longevidade da fêmea é de 55 a 120 dias, sendo que a fêmea adulta deposita em média 20 ovos. Mas o macho vive 1-2 dias e o seu desenvolvimento dura 30-62 dias. A lista de verificação dos Coccoidea no Egito, tanto quanto é conhecida por **Ezzat e Nada (1986)**, inclui 143 espécies em 12 famílias, incluindo muitas de importância económica. As famílias que contêm o maior número de espécies no Egito são: Dispididae,

Pseudococcidae e Coccidae. **Maareg *et al.* (1992)** fizeram um levantamento preliminar das cochonilhas da cana-de-açúcar em Alexandria e no Alto Egito e referiram a ocorrência de *Aulcaspis madiuensis, Odonaspis sacchaicaulis, Aclerata takahashii e Pulvinaria elongata* em plantas de cana-de-açúcar. A ocorrência de *Saccharolecanium krugeri* (Zehntner) foi registada pela primeira vez por **Ali *et al.* (1997)** como uma praga grave que ataca as folhas da cana-de-açúcar em Gizé e no Alto Egito. Observaram também os diferentes estádios nas folhas das plantas, especialmente em meados de abril. Acrescentaram que as escamas eram cremosas, de forma oval, e que a escama natural apresentava dois vermelhos alongados no seu dorso. Os ovos eram amarelados e as lagartas eram capazes de migrar por curtas distâncias nas folhas e podem também ser dispersas pelo vento a partir das canas infestadas. A cochonilha ocorre principalmente nas folhas, nos rebentos jovens e, com baixa população, nos caules. **Hendawy (1999)** verificou que o número total de ninfas e de fêmeas adultas de *Pulvinaria psidii* em goiabeiras na província de Kafr ElSheik foi tomado em consideração, tendo surgido dois picos. O primeiro pico foi registado no início de novembro, enquanto o segundo surgiu no início de agosto. A contagem mais baixa de ninfas e adultos (7 indivíduos / 100 folhas) foi observada no início de abril. A densidade populacional de *P. psidii* foi elevada durante dois períodos. Os resultados do segundo ano seguiram praticamente a mesma tendência. **Ali *et al.* (2000)** investigaram a ocorrência, distribuição e gama de hospedeiros da cochonilha mole da cana-de-açúcar, *Pulvinaria tenuivalvata* (Newstead), no Alto Egito. As plantações de cana-de-açúcar estavam altamente infestadas por *Pulvinaria tenuivalvata* (Newstead) e a sua densidade populacional foi registada. Além disso, foram examinadas as culturas, plantas e ervas daninhas que crescem perto do canavial para determinar a gama de hospedeiros desta praga. A ocorrência do inseto foi de 4-8 meses de acordo com o hospedeiro infestado. A infestação mais elevada foi registada na província de Gizé (61,89%). Além da cana-de-açúcar, a praga foi registada em mais 12 espécies de plantas. Esta cochonilha esteve ativa de maio a dezembro e a população máxima ocorreu em outubro-novembro. A cana-de-açúcar e o capim cogon foram os únicos hospedeiros que albergaram todas as fases do inseto.

**El-Serwy (2001/2002)** estudou a ecologia, a biologia e os inimigos naturais da *Pulvinaria tenuivalvata* (Newstead) (Hemiptera: Coccidae), uma praga da cana-de-açúcar no Egito.

Foram recolhidas amostras de dois locais no Médio Egito, de agosto de 1999 a julho de 2000. Verificou que, no início de agosto, entre 25%-47% das plantas em campos antigos e 12%-16% em campos novos estavam infestadas. No final de setembro, todas as plantas estavam infestadas com até 110 fêmeas adultas por folha. Ocorreram oito gerações durante o ano; foi encontrada uma correlação múltipla entre a temperatura e a humidade relativa e o período de geração. Cada fêmea produziu 34-1191 descendentes, mas o parasitismo reduziu a fecundidade em 39,2%, e o desenvolvimento em folhas fortemente infestadas reduziu-a em 15,3%. Não foi encontrado nenhum efeito de hospedeiro discernível na fecundidade entre as fêmeas criadas em cana-de-açúcar e em milho. Foram identificados cinco himenópteros parasitóides que atacam *P. tenuivalvata: Coccophagus semicircularis* (Foerster) (Aphelinidae); *Metaphycus flavus* (Howard), *Microterys* sp., *Microterys nietneri* (Motschulsky) e *Diversinervus elegans* Silvestri (Encyrtidae) emergindo de fêmeas adultas; as três primeiras espécies foram registadas também emergindo de ninfas. O controlo biológico pode ser retardado por multi e poliparasitismo, e pelo hiperparasitismo do *Pachyneuron muscarum* (Linnaeus) (Pteromalidae) e do encyrtid *Cheiloneurus* sp. Foram registados sete predadores de insectos que atacam as escamas: *Scymnus glivifrons* Mulsant e *Stethorus punctillum* Wiese (Coccinellidae); *Phaleria* sp. (Phalacridae); *Chrysoperla carnea* (Stephens) (Chrysopidae); *Orius laevigatus* (Fieber) (Anthocoridae); *Anatrachyntis rileyi* (Walsingham) (Cosmopterigidae) e um Cecidomyiidae não identificado. Foram igualmente registados quatro ácaros predadores: *Amblyseius swirski* Athias-Henroit e *Typhlodromus pelargonicus* (Phytoseiidae); *Agistemus exsertus* Gonzaez (Stigmaeidae) e sp. (Anystidae). O corte dos campos antigos infestados e a remoção de outras gramíneas hospedeiras até março, e o emprego da rotação de culturas, foram consideradas práticas culturais úteis para controlar esta praga. Estudos ecológicos sobre a dinâmica populacional de *P. tenuivalvata* em campos de cana-de-açúcar foram estudados por **Tohamy *et al.* (2002)** na província de Minia, Egito, durante duas épocas sucessivas (2000/2001 e 2001/2002). Mencionaram que esta praga estava ativa durante o verão, o outono e o inverno (de maio a fevereiro). O inseto tinha quatro gerações por ano. A duração de cada geração foi de 8 a 12 semanas a uma temperatura média de 17 e 12,2° C com 79% R.H. O tamanho máximo da população foi registado no início de outubro e no final de novembro durante o primeiro ano e em meados de setembro e no início de novembro no segundo ano, a uma temperatura média de 21 a 25º C e R.H. de 80%, durante ambas as estações. **Abd El-Latif (2004)** estudou a população sazonal da tendência das fêmeas adultas e das ninfas do inseto da cochonilha mole com riscas vermelhas e indicou três picos principais: setembro, outubro e o mais elevado em novembro. Além disso, a densidade populacional foi relativamente elevada durante os meses de julho, agosto e dezembro. A densidade populacional mais baixa foi registada em junho e janeiro. A praga foi mais ativa durante o verão e o outono e, portanto, teve quatro gerações em cada estação de crescimento. No entanto, a sua atividade diminuiu durante o inverno e a primavera. **Osman (2004) determinou** a distribuição da cochonilha vermelha *P. tenuivalvata* em diferentes regiões foliares e locais geográficos da cana-de-açúcar *(Saccharum officinarum* L.) em três campos de cana-de-açúcar, representando a planta, a primeira e a terceira soca. Geograficamente, cada campo foi dividido em cinco locais (leste, oeste, centro, norte e sul). Além disso, cada folha de planta colhida foi testada quanto a três regiões (base, centro e terminal ou topo). Os resultados revelaram a presença do maior número de membros *de P. tenuivalvata* nas regiões das folhas terminais superiores da cana-de-açúcar (48,4% do número total de indivíduos). Os rastejantes superaram todos os outros indivíduos dos outros estágios em qualquer lugar. Enquanto as regiões foliares superiores abrigaram o maior número de rastejadores (32,9% do número total de indivíduos), o menor número de rastejadores foi registado na região foliar da base (apenas 0,08% do número total de indivíduos). Além disso, as lagartas concentraram-se nas regiões foliares superiores, em particular na soca mais antiga, representada pela terceira soca (46,2% do número total de indivíduos). A tendência das lagartas para se concentrarem na região superior pode dever-se ao facto de preferirem as regiões com luz mais intensa e humidade moderada. Os resultados foram confirmados estatisticamente através do Teste de Múltiplos de Duncan, que revelou alta significância ($P<0,01$) para os indivíduos do inseto na região do topo da folha. O centro do campo albergou 48,9% do número total de indivíduos, representando o maior número de indivíduos de insectos. Em contrapartida, o menor número de indivíduos de insectos foi registado nas direcções oeste e sul, onde apenas 0,07% e 0,01% do número total de indivíduos de insectos foi registado. O processo estatístico coincide com o último resultado e conclui uma elevada significância ($P<0,01$) no local central do campo. **Saleh (2005)** afirmou que o impacto da infestação do inseto *Pulvinaria tenuivalvata* (Newstead) na quantidade e qualidade da planta de cana-de-açúcar sob práticas culturais. A densidade populacional da planta de cana-de-açúcar infestada por *P. tenuivalvata* foi aumentada pela diminuição do espaçamento entre linhas /feddan, aumentando os níveis de fertilização de nitrogênio e fertilização de potássio não adicionada. A densidade populacional de *P. tenuivalvata* (Newstead) foi aumentada em plantas de soqueira em comparação com a cultura vegetal. **Bakry, et al. (2012)** descobriram que o inseto *Pulvinaria tenuivalvata* (Newstead) (Hemiptera : Coccidae) é uma praga grave na cana-de-açúcar. Como estudo básico para o desenvolvimento de uma futura gestão desta espécie de cochonilha, a atividade sazonal de diferentes fases deste inseto foi realizada em duas épocas sucessivas (2006/2007 e 2007/2008) no distrito de Esna, província de Qena. Os resultados obtidos mostraram que *P. tenuivalvata* teve quatro picos em meados de julho, meados de setembro, início de novembro e início de dezembro por estação. A segunda época de estudo revelou que a população total deste inseto era mais elevada em comparação com a primeira época de investigação, o que pode dever-se à influência de factores favoráveis. O efeito combinado dos factores climáticos testados foi responsável por uma parte da população total. As percentagens da variância explicada (E.V.) indicam que todas as variáveis testadas foram responsáveis em conjunto por (30,6 e 42%) durante as duas épocas de estudo, respetivamente.

## 1.2- Efeito dos factores climáticos nas cochonilhas moles.

A correlação negativa obtida com a temperatura e a humidade relativa indica que o tempo húmido e a temperatura elevada podem reduzir o número de insectos de escamas moles (**Salama, 1972; Saad, 1980; Swaminathan e Verma, 1991; Ali *et.al.*, 2002 e Shalaby, 2002**).

**Williams (1978) e Williams (1982)** sugeriram que a principal razão para o surto de *Pulvinaria iceryi* (Singnoret) na cana-de-açúcar na Maurícia foi provavelmente o clima, que perturbou o equilíbrio natural, mas continua a ser difícil compreender por que razão a população de outros insectos sugadores de seiva na mesma zona se manteve a um nível normal.**Washburn e Washburn (1984)** Um estudo de laboratório realizado nos EUA mostrou que os rastejantes sem asas do primeiro ínstar de *Pulvinaria mesembryanthemi* (Vall.) (*Pulvinariella mesembryanthemi*) apresentavam um comportamento ativo de dispersão aérea, apoiando-se nas patas traseiras. Este comportamento foi uma resposta específica da idade à velocidade do vento ambiente, através da qual os instares foram capazes de explorar os gradientes de velocidade do ar na fina camada limite que rodeia o substrato da planta-alimento. Esta tática de dispersão pode ser uma estratégia evolutiva convergente para muitos artrópodes terrestres minúsculos. **Sridharan *et al.* (1989)** estudaram a correlação entre as condições meteorológicas prevalecentes e a dinâmica populacional de dois insectos pragas da tangerina, o coccídeo *Coccus viridis* e *Pseudococcidplanococcus citri*, na Índia, quinzenalmente de outubro de 1986 a setembro de 1987. Em geral, os parâmetros meteorológicos que prevaleceram durante a quinzena anterior tiveram uma maior influência no número de pragas do que os que prevaleceram durante a quinzena em que as observações foram efectuadas. *O C. viridis* esteve ausente de outubro a dezembro e os números foram insignificantes de janeiro a março. O número de pragas foi positivamente correlacionado com a temperatura máxima (r = 0,54 e 0,44) e negativamente correlacionado com a humidade relativa (r = -0,11 e -0,35). *P. citri* esteve ausente de outubro a fevereiro e aumentou depois disso até atingir um máximo de 19,04/armadilha em julho. O número de pragas manteve-se estável de agosto a setembro e foi positivamente correlacionado com a temperatura máxima (r=0,43 e 0,51). Embora os números tenham sido positivamente correlacionados com a humidade relativa durante a segunda quinzena de observação, foi observada uma correlação positiva durante a primeira quinzena (r=0,45). A pluviosidade não teve um efeito significativo no número de espécies.

**Kapatos e Stratopoulou (1990)** construíram tabelas de vida para 5 gerações anuais de *Saissetia oleae* em oliveiras em Corfu, Grécia, em 1981-86. A análise de factores-chave indicou a mortalidade dos estádios jovens no verão, causada principalmente por temperaturas elevadas, e a mortalidade durante a primavera, causada principalmente por coccinelídeos predadores e pelo parasitoide *Metaphycus helvolus*, e determinou a variação total da população em cada geração.

Estes dois factores foram os que determinaram predominantemente as flutuações populacionais do coccídeo. No verão, os parasitóides e os predadores de ovos, em particular, não desempenharam um papel significativo na dinâmica populacional de *S. oleae*. **Stratopoulou e Kapatos (1990)** estudaram a dinâmica populacional de *Saissetia* *oleae* em oliveiras de Corfu, na Grécia, em 1981-86. Obtiveram-se estimativas sucessivas da população do coccídeo em cada uma das 5 gerações anuais e construíram-se curvas de sobrevivência. A mortalidade foi elevada e os principais factores de mortalidade foram as altas temperaturas no verão, a ação de inimigos naturais (especialmente coccinelídeos predadores e o parasitoide *Metaphycus helvolus* durante a primavera) e a mortalidade de lagartas no verão. A mortalidade total da geração é, em média, de 99,69 - 99,98% e a variação da ação dos factores de mortalidade parece causar flutuações populacionais consideráveis.

**Dent (1991)** afirmou que a fenologia sazonal do número de insectos, o número de gerações e o nível de abundância de insectos em qualquer local são influenciados por factores ambientais nesse local. **G-Ullah (1992)** estudou a biologia de *Pulvinaria psidi* e *P. floccifera [Chloropulvinaria floccifera]* em condições naturais em goiabas no Bangladesh. A taxa de desenvolvimento e a fecundidade de ambos os coccídeos variaram nitidamente entre estações, e ambos reagiram de forma semelhante às mudanças sazonais de temperatura, humidade e precipitação. **Sengonca e Faber (1996)** estudaram as fases de desenvolvimento da cochonilha do castanheiro da Índia, *Pulvinaria regalis* Canard (Hom.: Coccidae), em campo aberto e em laboratório. O desenvolvimento de *P. regalis* é descrito com base em estudos efectuados em castanheiro-da-índia *(Aesculus carnea)* na zona urbana de Bona, Alemanha, e em plátanos *(Acerpseudoplatanus)* e castanheiro-da-índia *(Aesculus hippocastanum)* a diferentes temperaturas em laboratório.

**Lagowska (1997)** estudou o efeito da temperatura nos caracteres morfológicos de *Pulvinaria vitis* (L.) (Homoptera: Coccidae). As fêmeas adultas de *Pulvinaria vitis* foram expostas a diferentes temperaturas em laboratório (19, 25 e 32° C) e também a temperaturas de campo (8,1-16,5° C), para uma população natural recolhida em Crataegus numa floresta polaca. Foi medido um total de 27 caraterísticas. Todas as caraterísticas métricas, exceto o comprimento do corpo, e 3 caraterísticas merísticas foram afectadas pela temperatura. **Tohamy *et.al.* (2002)** estudaram o efeito de certos factores meteorológicos na atividade de *P. tenuivalvata* e concluíram que o efeito combinado dos factores meteorológicos testados (temperatura máxima diária, temperatura média diária, R.H. %) no número de escamas foi mais elevado durante a primeira época (200/2001) do que na segunda época (2001/2002). Os factores climáticos contribuídos foram mais eficazes na atividade dos insectos do que os factores isolados. Estes factores climáticos foram simultaneamente responsáveis por 60,8, 64,53, 24,22 e 45,66% da variabilidade na população de fêmeas adultas e ninfas em ambas as estações, respetivamente. **Abd El-Latif (2004)** afirmou que as diferenciações relativas à dinâmica da atividade populacional e às gerações podem ser atribuídas ao bioecossistema e aos factores meteorológicos. A magnitude das oscilações populacionais, o momento dos picos populacionais, as abundâncias relativas, bem como o número de gerações anuais podem variar em função das condições ambientais prevalecentes, especialmente a temperatura e a humidade relativa.

O inseto *Pulvinaria tenuivalvata* é um dos insectos mais notórios que atacam muitas plantas hospedeiras, especialmente a cana-de-açúcar, recentemente no Egito. Apareceu pela primeira vez em dois feddan na região de Attfeih, província de Giza, em 1996. Em seguida, a infestação aumentou gradualmente na cana-de-açúcar, atingindo 70 000 feddan no Médio e Alto Egito em 2003.

Os presentes estudos procuram estudar os aspectos ecológicos e biológicos desta perigosa praga de insectos.

## 1 - Aspectos ecológicos:

### 1- Avaliação da população do inseto da cochonilha vermelha:

### 1.1- Densidade da população na fase ninfal:

Na primeira época, 2002/2003, a infestação começou na parte apical da cana-de-açúcar, tendo depois ocorrido na parte média da planta e, ultimamente, na parte basal.

Instares ninfais observados pela primeira vez na primeira semana de junho em número muito pequeno 7,8 ninfas / folha, na parte apical da planta de cana-de-açúcar. Depois aumentam em setembro e outubro para atingir o seu máximo em novembro 1630.0 ninfas / folha. Depois diminuiu gradualmente durante o mês de dezembro e desapareceu de janeiro a maio.

Na segunda safra 2003/2004, a infestação pode ser organizada de acordo com o tempo em que a infestação começou na parte apical da planta de cana-de-açúcar, depois apareceu na parte média da planta e, ultimamente, na parte basal.

O primeiro estádio ninfal de *P. tenuivalvata* foi observado em maio na parte apical e média e continuou nos mesmos dois níveis da planta (apical e médio) durante junho e julho, enquanto a primeira ocorrência de ninfas na parte basal da planta foi em agosto. As ninfas de insectos foram registadas em todos os níveis da planta de agosto a dezembro e atingiram o seu máximo em outubro e novembro, 3346,4 ninfas / folha, depois diminuíram em dezembro e desapareceram de janeiro a março, exceto alguns estádios ninfais encontrados em janeiro na parte apical da planta como 2$^{nd}$ instares ninfais.

A correlação negativa obtida com a temperatura e a humidade relativa indica que a humidade moderada e a temperatura moderada podem aumentar o número de cochonilhas moles *P. tenuivalvata*.

**<u>1.2 - Densidade da população na fase adulta:</u>**

Na primeira época, os adultos de *P. tenuivalvata* começaram na parte basal da cana-de-açúcar em meados de agosto. Os resultados registam três picos em 12$^{th}$ de setembro, em 17$^{th}$ de outubro e em 30$^{th}$ de outubro registam 27,6, 101,7 e 83,3 fêmeas / folha, respetivamente. As cochonilhas adultas desapareceram durante o mês de dezembro até ao final da estação, em março.

Na parte central da cana-de-açúcar, as cochonilhas adultas começaram a aparecer em pequeno número na primeira semana de julho. Foram registadas 33,9 fêmeas/folha no dia 12$^{th}$ de setembro e 101,0 fêmeas/folha no dia 30$^{th}$ de outubro, enquanto que foram registadas apenas 16,3 fêmeas/folha no dia 14$^{th}$ de dezembro. Desapareceu durante o mês de janeiro até ao final da estação, em março.

Na parte apical da planta de cana-de-açúcar, os adultos foram observados na primeira semana de julho em poucos números. Houve três picos de registo de cochonilhas no dia 12$^{th}$ de setembro, no dia 17$^{th}$ de outubro e no dia 14$^{th}$ de dezembro, atingindo 36,7, 89,5 e 25,3 fêmeas/folha, respetivamente. Os adultos desapareceram durante o período de janeiro até ao fim da estação em março.

No segundo ano deste estudo, 2003/2004, os adultos foram observados na parte basal da cana-de-açúcar pela primeira vez no final de agosto, em número muito reduzido. Houve três picos de população de cochonilhas adultas na parte basal da planta, registados em 11$^{th}$

de setembro, em 31st de outubro e em 6th de novembro, atingindo 13,5, 86,9 e 170,9 fêmeas / folha, respetivamente, tendo depois desaparecido durante janeiro e março.

Na parte central da cana-de-açúcar, os adultos de *P. tenuivalvata* começaram a aparecer pela primeira vez em meados de junho, com poucos adultos. Depois aumentaram gradualmente para 33,5 fêmeas/folha em setembro e atingiram o seu máximo de 403,5 fêmeas/folha em novembro. Os adultos desapareceram durante os meses de janeiro a março.

Na parte apical da planta, os adultos foram registados na base e no topo da folha em meados de junho, aumentando depois gradualmente em setembro. Em outubro, os adultos atingem o número máximo de 153 fêmeas/folha, mas em dezembro atingem o nível mínimo. Os adultos desapareceram durante o inverno.

Foi encontrada uma correlação negativa entre a densidade populacional da cochonilha da cana-de-açúcar, *P. tenuivalvata*, e os factores meteorológicos, como a temperatura e a humidade relativa, nas partes basal, média e apical da cana-de-açúcar, pelo que a relação é insignificante

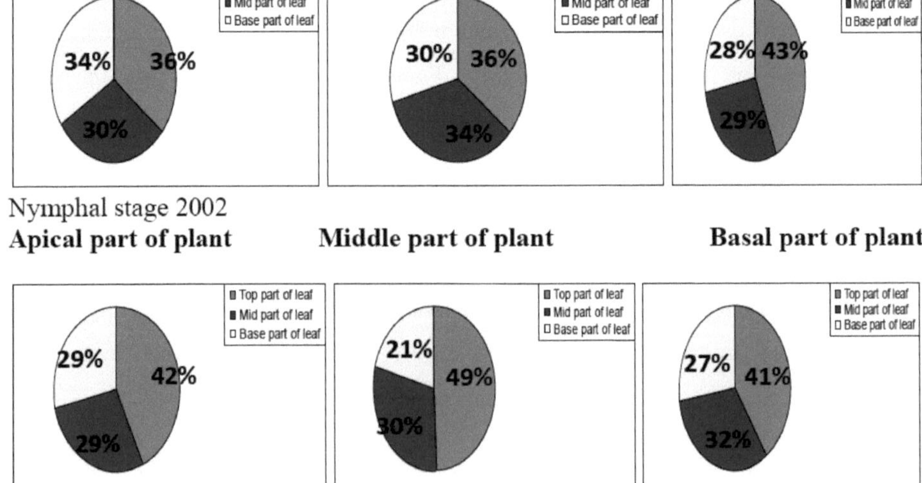


Nymphal stage 2003

Fig. (1): Números médios de ninfas totais (em percentagem) em diferentes partes da parte apical, média e basal da planta de cana-de-açúcar em Attfieh, 2002/2003 e 2003/2004.

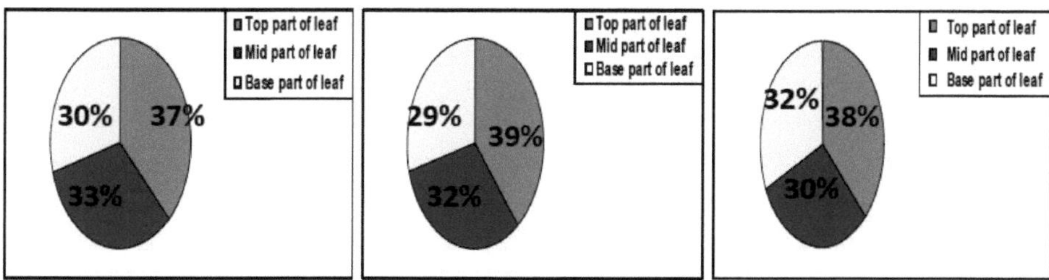


Fase adulta na parte apical, média e basal da planta, 2002/2003

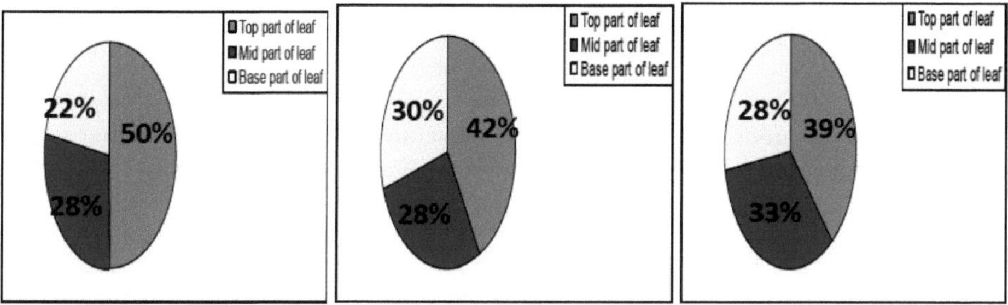


Fase adulta na parte apical, média e basal da planta, 2003/2004

Fig. (2): Números médios da fase adulta (em percentagem) em diferentes partes da parte apical, média e basal da planta de cana-de-açúcar em Attfieh, 2002/2003 e 2003/2004.

## 1.3 - Taxa de crescimento de *P. tenuivalvata:*

A taxa de crescimento da cochonilha mole listrada de vermelho, *P. tenuivalvata*, infestando a cana-de-açúcar na primeira estação 2002/2003 começou a aparecer em julho 182,75 % e aumentou até setembro 736,37%, e depois diminuiu até fevereiro.

Na época 2003/2004, a taxa de crescimento da cochonilha vermelha da cana-de-açúcar aumentou em junho 101,3 % e continuou até novembro, 1126,84 %. A taxa de crescimento da população diminuiu em dezembro e janeiro. É óbvio que, quando a taxa de crescimento aumenta, é necessário aplicar um tratamento inseticida.

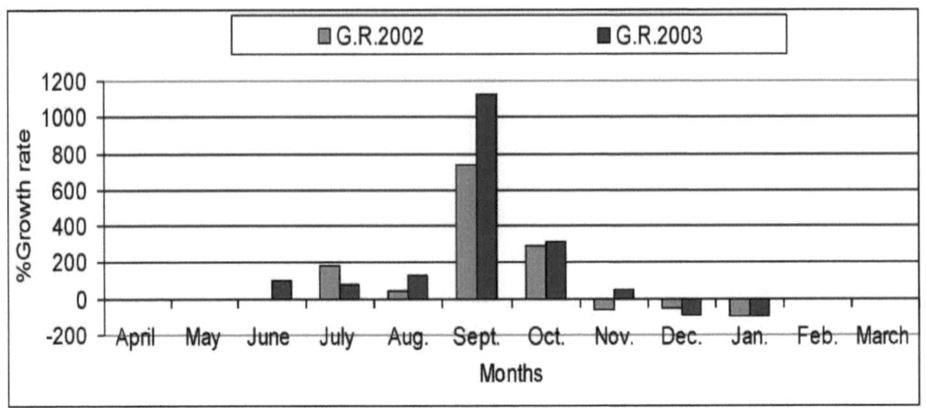


**Fig.(3): Números médios mensais e taxa de crescimento de *P. tenuivalvata* nas folhas de cana-de-açúcar em Attfieh, na província de Giza, durante as épocas 2002/03 e 2003/04.**

**1.4 - Inimigos naturais associados:**

Muitos predadores foram recolhidos e identificados como insectos predadores, tais como *Scymnus glivifrons* (Muls) e *Stethorus punctillum* (Wiese) (Coccinellidae); *Chrysoperla carnea* (Stephens) (Chrysopidae) e *Orius laevigatus* (Fieber) Anthocoridae. Foram recolhidos muitos ácaros predadores, como *Amblyseius swirski* (Athias-Henrooit) e *Typhlodromus pelargonicus* (phytoseiidae). Um parasitoide himenóptero, nomeadamente *Coccophagus semicircularis* (Foerster) (Aphelinidae), emergiu de fêmeas parasitadas.

## 2 - Porcentagem de infestação da cochonilha vermelha em diferentes níveis de cana-de-açúcar:

### Fase ninfal:

A infestação de ninfas começou na parte apical da planta em junho de 2002, 61,3%, depois aumentou gradualmente até atingir a infestação máxima em setembro e outubro, 100%, depois diminuiu especialmente nas partes basal e média da cana-de-açúcar e desapareceu de janeiro a maio.

Durante a segunda época (2003/2004), a infestação de ninfas começou na parte apical da planta em maio, com 53,75%. Depois foi aumentando gradualmente até atingir a infestação máxima em setembro, outubro e novembro; 100% e depois diminuiu até desaparecer em janeiro.

**Fase adulta:**

A infestação de adultos começou em julho de 2002 na parte apical da planta de cana-de-açúcar e diminuiu em agosto, mas aumentou gradualmente a partir de setembro, atingindo o seu máximo em outubro e diminuindo depois gradualmente até desaparecer em janeiro.

A infestação de adultos começou em junho de 2003 na parte apical da planta de cana-de-açúcar, em 5%, depois aumentou gradualmente a partir de setembro até atingir o seu máximo na parte basal da planta em outubro, 100%, depois diminuiu gradualmente até desaparecer em janeiro.

# Capítulo 2: Aspectos biológicos:

## 2.1- Biologia das cochonilhas moles:

**Washburn e Frankie (1985)** estudaram a biologia das cochonilhas das plantas do gelo, *Pulvinariella mesembryanthemi* e *P. delottoi* (Homoptera: Coccidae), na Califórnia. As espécies são morfologicamente semelhantes, mas verificou-se que *P. mesembryanthemi* se desenvolvia pelo menos duas vezes mais depressa do que *P. delottoi;* no exterior tinha 2-3 gerações por ano (enquanto *P. delottoi* era univoltina), e numa estufa quente completava uma geração em 11 dias. As ninfas recém-eclodidas de *P. delottoi* preferiram folhas mais velhas de Carpobrotus do que as de *P. mesembryanthemi*, o que resultou numa segregação espacial parcial das duas espécies nas plantas. Ambas as espécies se reproduziram partenogeneticamente; foram produzidos pequenos números de machos de *P. mesembryanthemi* no campo, mas o acasalamento nunca foi observado, e os machos de *P. delottoi* foram observados ocasionalmente em culturas de laboratório, mas nunca no campo. **Tripathi e Tewary (1989)** investigaram a biologia de *M. glomerata* (Green) em laboratório em pedaços da variedade de cana-de-açúcar Co1158 durante um ano, de agosto de 1980 a setembro de 1981. A morfologia geral foi estudada através de montagens permanentes processadas. A observação revelou que a fêmea é ovovivípara, liberta 98-236 lagartas e não apresenta uma fase de invernada. A pré-pupa e a pupa têm ambas as tennas embainhadas que se estendem até ao mesotórax. A pré-pupa e a pupa têm 2 pares de olhos. Houve 7-8 gerações sobrepostas num ano. **Naddagopal e David (1990)** registaram que *Greenaspis decurvata* (Green) (Homoptera: Diaspididae), pela primeira vez em capim-limão em Kerala, foi recolhido em folhas de cana-de-açúcar no distrito de Madiurai, Tamil Nadu. O presente trabalho apresenta pormenores da sua história de vida em plantas em vasos em Coimbatore. Os machos completaram o seu ciclo de vida em 24 dias, enquanto as fêmeas demoram cerca de 38 dias. O rácio entre fêmeas e machos era de cerca de 1:1 na natureza, ao passo que era de 1:0,94 quando estudado em vasos de plantas. **Ronald e Jayma (1992)** mencionaram que a biologia de *P. psidi* (Maskell) apresentava dois tipos de escamas: as escamas blindadas e as escamas macias. A escama escudo verde é classificada como uma escama blindada, protegida por uma carapaça ou escama distinta, dura e separável sobre o seu corpo delicado; as fêmeas são sempre menos aladas e permanecem debaixo da escama durante toda a sua vida. Os ovos são protegidos sob a escama ou a carapaça ou o inseto materno até à eclosão. Não se conhecem machos nesta espécie. As fêmeas reproduzem-se sem fertilização e produzem ovos que eclodem como fêmeas. **G-Ullah e Das (1995)** estudaram a biologia do coccídeo *Pulvinaria maxima* em 1990 em folhas de betel *(Piper betle)* em condições naturais no Bangladesh. Foram descritos diferentes aspectos biológicos, como o hábito-habitat, a duração das várias fases de vida, a fecundidade, a proporção entre os sexos, os inimigos naturais e as flutuações populacionais. Verificou-se que a duração média dos estádios de desenvolvimento de *P.* maxima foi de 25,66 mais ou menos 0,47 dias durante junho-julho de 1990, tendo sido observado um pico em junho de 1990. **Erkilic e Uygun (1997)**, na Turquia, relataram que a longevidade de *Pseudaulcaspis pentagona* (Hemiptera: Diaspididae) diminuía com o aumento da temperatura. **Giron *et. al.* (2005)** estudaram a biologia e os inimigos naturais de *Pulvinaria pos elongata*, associada à formiga louca na cana-de-açúcar. Para entender o ciclo de vida de *Pulvinaria sp*, foram feitas experiências em laboratório e em estufa e a incidência de inimigos naturais foi determinada no campo na Colômbia. *Pulvinaria sp.* teve um ciclo de vida médio de 77 dias e passou por dois instares e o adulto. A progenitura média por fêmea foi de 179; localizavam-se na parte inferior da folha e eram pouco móveis. Na estufa, Diadiplosis Coccidivora (Cecidomyiidae) alimentou-se de ovos de fêmeas *de Pulvinaria sp.* com taxas de até 85%. Uma vespa (Encyrtidae) foi encontrada emergindo de indivíduos de segundo instar de *Pulvinaria sp.*

**No Egito, El-Serwy (2001/2002)** estudou a cochonilha vermelha *P. tenuivalvata* da cana-de-açúcar, *Saccharum officinarum* L. Os ovos são depositados em cadeia com filamentos de cera. A atividade ovoviviposicional das fêmeas adultas foi de 801,729 e 735 ovos e 1$^{st}$ ninfa de instar por fêmea adulta em meados de setembro, final de outubro e início de dezembro, respetivamente. A capacidade de reprodução variou entre 34-1191 ovos por fêmea adulta. O período de ovoviviposição foi reduzido para menos de 8 dias com o parasitismo de *Coccophagous semicircularis.* **Shalaby (2002)** estudou a biologia da cochonilha mole da cana-de-açúcar *P. tenuivalvata* e determinou as durações imatura e adulta. *P. tenuivalvata* reproduzia-se partenogeneticamente e o acasalamento nunca foi observado devido à ausência de machos no campo ou na criação em massa em laboratório. O desenvolvimento pós-embrionário do inseto incluiu três instares ninfais e uma fêmea partenogénica. O período de incubação aumentou com a diminuição da temperatura. O período de 1$^{st}$ e 2$^{nd}$ instares ninfais foi maior no outono do que na primavera e no verão. O número de ovos depositados pela fêmea variou em diferentes gerações de acordo com as condições climatéricas. O período de longevidade mais curto ocorreu em agosto e o mais longo em temperaturas moderadas. *P. tenuivalvata* desenvolveu-se em 3 gerações por ano, primavera, verão e outono. **Azab *et. al.* (2003)** examinaram o ciclo de vida de *P. tenuivalvata* em laboratório e investigaram a sua morfologia utilizando o microscópio de luz e o microscópio eletrónico de varrimento. Verificaram que o inseto completava o seu ciclo de vida em cerca de 45-65 dias. Cada fêmea adulta produz, em média, cerca de 250 ovos. Estes eclodem partenogeneticamente, dando origem a ninfas altamente móveis. Imediatamente após a eclosão, as ninfas procuram um local adequado na planta para se instalarem e começarem a alimentar-se. As antenas possuem um número considerável de sensilas olfactivas do tipo tricoide e basicónico. À medida que a ninfa continua a alimentar-se, cresce no seu lugar até à idade adulta. Os adultos medem em média 5 mm de comprimento, embora alguns indivíduos possam atingir 8 mm de comprimento. O adulto tem uma superfície dorsal convexa altamente esclerotizada, enquanto a superfície ventral é quase plana, ajustando-se firmemente ao substrato. **Abd El-Samea (2004)** estudou a biologia e a tabela de vida da cochonilha mole *P. tenuivalvata* que ataca a cana-de-açúcar em condições laboratoriais de 20, 24, 28 e 32° C e humidade relativa de 72±5%. *P. tenuivalvata* reproduz-se partenogeneticamente devido à ausência de machos no campo e no laboratório. A duração das diferentes fases diminuiu com o aumento da temperatura. O ciclo de vida foi registado como 60±2,11, 42±1,29, 34±1,68 e 30±1,82 dias a 20, 24, 28 e 32° C, respetivamente. A taxa reprodutiva mais elevada ($R_o$) ocorreu a 28° C, com 200,64 fêmeas esperadas/fêmea. As taxas intrínsecas e finitas de aumento ($r_m$ e exp $r_m$ ) foram maiores com o aumento da temperatura, enquanto o tempo médio de geração diminuiu com o aumento da temperatura. Foi de 83,5, 61,0, 51,0 e 45,5 dias a 20, 24, 28 e 32° C, respetivamente. A população tinha uma capacidade de se multiplicar (tempo de Dubling) a cada 11,95 dias a 20° C e a cada 6,19 dias a 32° C. O zero de desenvolvimento para as diferentes fases foi calculado em 4,59° C para o ovo, 6,45° C para o 1$^{st}$ instar ninfal, 9,87° C para o 2$^{nd}$ instar e 5,22° C para o 3$^{rd}$ instar. As unidades térmicas necessárias calculadas foram 112,75, 129,73, 212,90 e 280,16 graus-dia (DD) para o ovo, 1$^{st}$ , 2$^{nd}$ e 3$^{rd}$ instares ninfais, respetivamente, com 1010,95 unidades para toda a geração. **Saleh (2005)** observou três instares ninfais em condições laboratoriais de 28±2° C e 75±5% H.R. A duração destes instares variou entre (6-8), (18-23) e (9-12) dias, respetivamente. Havia duas formas de fase adulta, a forma verde variava entre (8-10) dias e a forma vermelha variava entre (11-15) dias. Além disso, os períodos de pré-oviposição, oviposição e pós-oviposição variaram entre (4-6), (9-14) e (3-6), respetivamente, e 170,9 ovos / fêmea. Foram determinadas sete gerações anuais de *P. tenuivalvata* em condições laboratoriais constantes (28±2° C e 75±5% H.R.) em folhas de cana-de-açúcar.

## 2.2- Preferências do anfitrião:

**De Lotto (1965)** descreveu e ilustrou a fêmea adulta de *P. tenuivalvata* (Newstead) a partir de um único exemplar. Faz parte de um grupo de 5 espécies estreitamente relacionadas, nativas da África tropical, que se alimentam de gramíneas. Entre estas, *P. elongata* (Newstead), *P. iceryi* (Signoret) e *P. saccharia* Delotto que danificam a cana-de-açúcar. **Savescu (1985)** descreveu vinte novas espécies de Coccoidae, em 10 géneros, da Roménia. Foram incluídas informações sobre as suas plantas alimentares, que incluem gramíneas, árvores e plantas silvestres. **Washburn *et. al.* (1985)** efectuaram testes laboratoriais para examinar os efeitos de diferentes densidades de *Pulvinariella mesembryanthemi (Pulvinaria mesembryanthemi)* no crescimento, desenvolvimento, sobrevivência e reprodução da população. Foram medidos a sobrevivência e o crescimento da sua planta hospedeira *(Carpobrotus edulis xaqualateris)*, suportando várias densidades de cochonilhas, o tamanho do corpo da cochonilha e a fecundidade foram inversamente relacionados com a densidade, indicando competição intra-específica, e tanto a sobrevivência da cochonilha como a da planta alimentar foram fortemente dependentes da densidade. As densidades elevadas foram atribuídas a locais de assentamento limitados, incrustação de orvalho de mel, aglomeração física, morte da planta alimentar e partes da planta que suportam as cochonilhas. Nos tecidos vegetais moribundos, as cochonilhas reproduziram-se prematuramente e produziram menos frutos na primavera. O crescimento das plantas foi negativamente correlacionado com a densidade de cochonilhas, e plantas com alta densidade de cochonilhas pararam de produzir novas folhas e brotos, reduzindo a base de recursos para as gerações subsequentes de cochonilhas. **Duschin (1986)** estudou a biologia do coccídeo, que tinha uma geração por ano e hibernava como fêmeas imaturas. Em maio, as fêmeas hibernadas alimentavam-se, amadureciam e ovipositavam, as ninfas de primeiro ínstar eclodiam na segunda quinzena de junho, as ninfas de segundo ínstar apareciam 35-40 dias mais tarde e os adultos após mais 20-25 dias. O acasalamento ocorreu em agosto e no início de setembro, após o que as fêmeas entraram em hibernação.

O impacto da alimentação foliar das ninfas da cochonilha do castanheiro da Índia, *Pulvinaria regalis* Canard (Hem., Coccidae), foi investigado por **Speight (1991)**. Foram considerados os efeitos da alimentação de seiva nas folhas por ninfas de cochonilhas durante o verão no alongamento e diâmetro dos rebentos, bem como na biomassa das raízes. Os plátanos exibiram reduções dramáticas no líder; alongamento de rebentos laterais e inferiores na presença de ninfas *de Pulvinaria* em ambos os anos da investigação. No entanto, nem as limas nem o castanheiro-da-índia apresentaram alterações significativas, embora os dados relativos às limas sugiram qualitativamente um aumento do crescimento quando infestadas. O crescimento em diâmetro não foi afetado. Todas as três espécies de árvores hospedeiras sofreram uma redução significativa na biomassa de peso seco da raiz quando infestadas com ninfas de cochonilhas.

A ocorrência do coccídeo *Pulvinaria sp.* na Índia, que danifica várias culturas (incluindo o algodão e a Azadirachta indica), as medidas de controlo (que incluem a utilização do coccinelídeo predador *Scymnus coccivora* e de sabões insecticidas) e a biologia foram descritas por **Gururaj (1992).**

**Ronald e Jayma (1992)** mencionaram um grande número de hospedeiros de *Pulvinaria psidi*, incluindo antúrio, abacate, bouvardia, citrinos, café, fetos, gengibre em flor, gardénia, goiaba, lichia, morinda citrifolia, filox, romã, árvore de papel, roseira brava e straussia. Tem alguma preferência por plantas de folhas largas. **Campos (1993)** afirmou que *a Pulvinaria iceryi* (*Saccharipulvinaria iceryi* ) foi registada ocasionalmente na cana-de-açúcar em Cuba. Danos semelhantes aos produzidos por essa espécie foram observados na casa de vegetação por *P. elongata* e *P. saccharia* que foram relatados em Cuba pela $1^{st}$ vez. **Sengonca e Faber (1995)** estudaram a disseminação, a gama de hospedeiros, a biologia e a ecologia do novo coccídeo importado, *Pulvinaria regalis*, em árvores urbanas em algumas áreas urbanas do norte da Renânia, Alemanha. *P. regalis* espalhou-se de Bona para Buhl, Colónia e Düsseldorf e atacou não só o castanheiro-da-índia *(Aesculus spp.),* os bordos *(Acer spp.)* e as tílias *(Tilia spp.)*, mas também as quinas (*Joelreuteria paniculata*), os bosques floridos de cães (*Cornus florida*) e as magnólias (*Magnolia* *acuminata*). Durante o verão, as ninfas alimentam-se em ambos os lados das folhas mas, dependendo da espécie hospedeira, preferem um dos lados. Em castanheiro-da-índia (*Aesculus xcarnea* ), ácer-vermelho (*Acer rubrum*), plátano (*Acer pseudoplatanus*), ácer-da-noruega (*Acer platanoides*) e *tília* (*Tilia cordata* ), as ninfas preferiram a face inferior das folhas, enquanto que em tília *(Tilia platyphllos)* e tília-prateada (Tilia *tomentosa*), preferiram a face superior das folhas. A densidade mais elevada foi registada no castanheiro-da-índia, com mais de 6410 ninfas /m$^2$ /área foliar, e a mais baixa no ácer da Noruega, com 600 ninfas /m .$^2$

**Ben - Dov e Hodgson (1997)** apresentaram a biologia, os inimigos naturais e o controlo dos coccídeos. Os coccídeos atacam muitos hospedeiros, tais como citrinos, oliveiras, abacateiros, mangueiras, goiabeiras, diospireiros, outras árvores de fruto subtropicais, árvores de fruto de folha caduca, videiras, cana-de-açúcar, bambus, árvores de floresta de coníferas, árvores de floresta de folha caduca, plantas ornamentais e de interior, café, cacau, chá, coco e borracha. Também foram fornecidos um índice geral e índices dos táxons de Coccoidea, nomes de parasitóides, predadores, patógenos e nomes de plantas.

**Schmitz (1997)** mencionou o espetro de hospedeiros de *Pulvinaria regalis* Carnard (Hom., Coccidae). A ocorrência frequente do coccídeo *Pulvinaria regalis* em árvores e arbustos em Bona, Alemanha, levou a uma investigação mais aprofundada da gama de hospedeiros desta espécie recentemente introduzida. A lista actualizada de plantas hospedeiras, incluindo registos anteriores de hospedeiros, consiste agora em 61 espécies, 29 géneros, 24 famílias e 14 ordens. *Aesculus, Acer* e *Tilia* são os géneros mais fortemente infestados, seguidos de *Magnolia* e *Cornus*.

A biologia da cochonilha do castanheiro, *Pulvinaria regalis* Canard (Hemiptera: Coccoidea: Coccidae), na Suíça foi estudada por **Hippe, *et. al.* (1999)**. Em 1997, muitas árvores de *tília (Tilia spp.)* e de castanheiro *(Aesculus hippocastanum)* no centro de Zurique foram fortemente infestadas pela cochonilha do castanheiro, *P. regalis.* As lagartas eclodiram a partir do final de maio e deslocaram-se para as folhas das suas plantas hospedeiras. Aí as ninfas instalam-se e alimentam-se até setembro/outubro, altura em que migram para galhos adjacentes para hibernar como fêmeas de terceiro instar. Após a última muda ninfal, na primavera, a fêmea adulta passa por um período de crescimento rápido. Nessa altura, as fêmeas começam a deslocar-se para os ramos principais e para o tronco da árvore, onde segregam um ovissaco branco constituído por filamentos de cera. Pouco depois da oviposição, as fêmeas morrem mas permanecem agarradas ao ovisaco. Duas espécies de afelinídeos (*Coccophagus lycimnia* e *C. semicircularis*) emergiram de ninfas de cochonilhas parasitadas em maio (nos ramos) e no início de setembro (nas folhas). **Shalaby (2002)** registou a cochonilha mole da cana-de-açúcar, *Pulvinaria tenuivalvata*, em 13 espécies de plantas, incluindo algumas culturas (milho, sorgo), legumes (quiabo, judeu, pequi) e várias ervas daninhas. A maioria destas plantas pertence à família Graminaceae. A cana-de-açúcar e o capim-cogumelo foram os únicos hospedeiros que albergaram todas as fases do inseto, ovo, ninfa e adulto, o que indica a sua aptidão para a formação de populações. **Saleh (2005)** observou que *Pulvinaria tenuivalvata* tem dez plantas hospedeiras pertencentes à família Gramineae; 4 culturas de campo (cana-de-açúcar, milho, sorgo e trigo) e 6 ervas daninhas (capim cogon, junco comum, capim-elefante, rabo-de-raposa verde, centeio perene e erva-doce grande).

## 2.3- Efeito de tratamentos na biologia de cochonilhas moles em laboratório:

Os óleos eram geralmente recomendados como insecticidas contra as cochonilhas moles já em 1763, mas provavelmente foram muito pouco utilizados até ao século XIX. **El-Sebae *et.al.* (1976)**, e **Calabertta *et.al.* (1986). Cranshew e Hart (1988)** mencionaram as caraterísticas das principais pragas do gafanhoto melífero *(Gleditsia sp.)* com algumas sugestões para o seu controlo. A praga mais importante foi o coccídeo *Pulvinaria innumerabils.*

A comparação da eficácia de 22 insecticidas de contacto contra a cochonilha da pulvinaria *(Eupulvinaria hydrangeae* Steinweiden) foi estudada em laboratório por **Tondeur *et. al.* 1990. Badr *et.al.* (1995)** mencionaram que o modo de ação dos óleos minerais contra os estádios imaturos e maduros se devia aos seus efeitos anti-alimentares e de desenvolvimento.

## 2- Aspectos biológicos:

### 2.1- Biologia de *P. tenuivalvata* em diferentes plantas hospedeiras:

#### 2.1.1 Fase ninfal:

Foi determinado o impacto de cinco plantas hospedeiras: cana-de-açúcar, capim cogon, capim-elefante, sorgo sacarino e milho na biologia da fase ninfal do inseto *P. tenuivalvata*. Os resultados obtidos mostraram que a cana-de-açúcar e o sorgo sacarino aceleraram significativamente o crescimento das ninfas em comparação com as plantas hospedeiras capim-cogumelo e milho, mas de forma significativa quando comparadas com o capim-elefante. As percentagens de ninfas que conseguiram atingir a fase adulta diferiram nas diferentes plantas hospedeiras. A percentagem máxima foi registada na cana-de-açúcar e no sorgo doce, 100%, seguida do capim-elefante, 87,5%, enquanto a mínima foi registada no milho, 66,6%. A partir de todos estes dados, verificou-se novamente que a cana-de-açúcar foi considerada como o hospedeiro mais preferível para o desenvolvimento e sobrevivência de *P. tenuivalvata*.

#### 2.1.2 Fase adulta:

Foi estudado o efeito de cinco plantas hospedeiras em diferentes aspectos biológicos da fase adulta da cochonilha-de-rabo-vermelho, (R.S.S.S.) *P. tenuivalvata*. Os dados mostraram que o período de pré-oviposição dos insetos criados em plantas de cana-de-açúcar e capim-elefante foi o mais curto, mas o do milho foi o mais longo. No capim cogon, o período de pré-oviposição foi intermédio. O período de oviposição foi significativamente mais longo nos insectos criados em cana-de-açúcar do que no milho ou no sorgo sacarino. Assim, este período foi cerca de duas vezes superior na cana-de-açúcar do que no sorgo sacarino. Por outro lado, não houve diferença significativa no período de oviposição na cana-de-açúcar e em cada um dos capins cogon e elefante. Não se registaram variações significativas no período pós-oviposição nas diferentes plantas hospedeiras.

Os dados também indicam que o número médio mais elevado de ovos postos por fêmea ocorreu na cana-de-açúcar (198,1 ovos), no capim cogon, no capim elefante, no sorgo doce e depois no milho (44,3 ovos).

Por outro lado, a fertilidade não foi significativamente diferente em todas as fêmeas alimentadas com as plantas hospedeiras testadas.

A longevidade dos adultos atingiu o período máximo quando os insectos foram criados em cana-de-açúcar, 15,7±1,8 dias, e o mínimo em milho, 7,4±1,4 dias. Assim, a longevidade na cana-de-açúcar foi cerca de duas vezes superior à do milho e uma vez e meia superior à do capim-elefante (10,4±1,3 dias).

Em conclusão, parece que a planta de cana-de-açúcar foi superior a todas as outras plantas hospedeiras testadas, uma vez que o inseto neste hospedeiro apresentou o período de oviposição mais longo, 10,4±2,32 dias. A fecundidade e a longevidade máximas registaram-se nesta planta hospedeira. Estas observações podem ser atribuídas às diferentes necessidades alimentares e aos constituintes químicos que variam em concentração consoante o tipo de planta hospedeira.

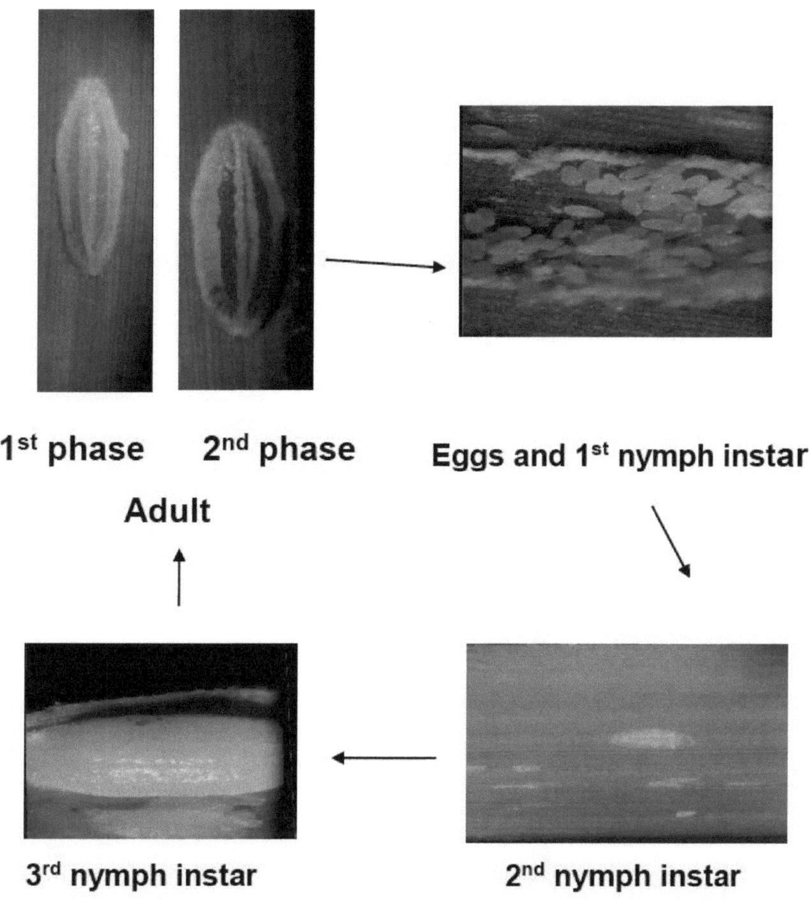


Fig. (4): Ciclo de vida do inseto *Pulvinari tenuivalvata* (Newstead) que infesta a cana-de-açúcar.

## 2.2- Avaliação laboratorial de extractos de centaury *C. spicatum* sobre aspectos biológicos de P. tenuivalvata:

### 2.2.1 Fase ninfal;

O presente estudo foi realizado para verificar a possibilidade de utilização de extractos (éter de petróleo, etanol e água) de *C. spicatum* como inseticida botânico contra o desenvolvimento da fase ninfal da (R.S.S.S.), *P. tenuivalvata.*

A duração dos estádios ninfais desta praga (os instares ninfais $1^{st}$ , $2^{nd}$ e $3^{rd}$ ) foi afetada quando as ninfas foram tratadas com os extractos testados; este efeito foi evidente na duração do instar ninfal 2nd , cujo período diminuiu quando as ninfas foram tratadas com éter de petróleo a 5% em comparação com o controlo não tratado.

A duração média total da fase ninfal, em dias, diminuiu quando tratada com extrato etéreo de petróleo de centaury spicked, concentrações de 5% e 2,5%, quando comparada com a do controlo.

Assim, fica claro que a duração da ninfa foi muito afetada pelos extractos a que foram expostos, especialmente o extrato de éter de petróleo.

As percentagens mais baixas de sobrevivência (mortalidade mais elevada) de qualquer instar, conforme indicado nos dados, foram obtidas com o extrato de éter de petróleo e as mais elevadas (mortalidade mais baixa) com etanol e água.

O extrato de éter de petróleo revelou-se mais eficaz do que os outros extractos testados, por exemplo, as percentagens atingiram o máximo quando as ninfas foram tratadas com concentrações de 1,25% de todos os extractos e com o controlo não tratado.

A sobrevivência dos instares ninfais em quaisquer concentrações aumentou à medida que o desenvolvimento progrediu, porque a maioria das mortalidades ocorreu durante o instar ninfal mais jovem. Isto indica que as ninfas de *P. tenuivalvata* são mais susceptíveis ao efeito do extrato do que a fase adulta. A menor suscetibilidade da fase adulta ao composto testado pode ser atribuída à presença de escamas protectoras que impedem a penetração dos extractos. Além disso, o toque suave e a forma destas escamas excedem a perda da solução de pulverização recebida pelo inseto.

Em geral, os extractos de plantas de *C. spicatum* testados podem ser organizados de acordo com os seus efeitos biodetrimentais na fase ninfal de *P. tenuivalvata* pela seguinte ordem decrescente: éter de petróleo > etanol > água.

Dos resultados anteriores, pode concluir-se que o extrato de éter de petróleo a 5% foi o mais afetado na duração do desenvolvimento da fase ninfal e nas percentagens de sobrevivência de (R.S.S.S.). Por outro lado, o etanol a 1,25% e a água a 1,25% aumentaram a sobrevivência para valores máximos. Assim, pode recomendar-se a utilização de extrato de éter de petróleo a 5% para controlar esta praga.

### 2.2.2 Fase adulta:

Os resultados mostraram o efeito de três extractos, nomeadamente éter de petróleo, etanol e água, com três concentrações diferentes (5%, 2,5% e 1,25%) e o controlo não tratado, na duração da oviposição das escamas recém-emergidas de *P. tenuivalvata* (R.S.S.S.).

O período de pré-oviposição foi alongado no tratamento com éter de petróleo a 1,25%, enquanto foi encurtado no tratamento com água a 5%. Quanto ao efeito de diferentes extractos no período de oviposição, os resultados mostraram que o período de oviposição com éter de petróleo a 5% foi o mais curto, 4,4±0,64 dias, mas foi mais de duas vezes mais longo no controlo não tratado, 10,4±0,98 dias. O período de oviposição é grandemente afetado pelos extractos. Verificou-se uma correlação negativa entre as concentrações e o período de oviposição, um aumento da concentração diminuiu consideravelmente o período de oviposição. O período de pós-oviposição parece, a partir dos dados, o período mais curto com éter de petróleo a 5% e o período mais longo com água a 1,25%.

A longevidade média dos adultos foi reduzida quando os adultos foram tratados com éter de petróleo 5% e água 5%. Por outro lado, foi prolongada nos adultos tratados com etanol 1,25% e no controlo não tratado.

O número total de ovos postos por cada escama parece ser grandemente afetado pelos extractos testados. Os resultados indicaram que o número máximo de ovos foi posto quando os adultos foram tratados com etanol a 1,25%, mas a fecundidade mínima ocorreu com éter de petróleo a 5%, 42,4±2,09. Assim, pode concluir-se que os diferentes extractos afectaram o número de ovos postos pelas cochonilhas.

A partir das experiências anteriores sobre o efeito de diferentes tratamentos na oviposição, longevidade e fecundidade, pode concluir-se que os tratamentos com extractos de *C. spicatum* têm efeito na biologia desta praga. Em geral, o aumento da concentração diminuiu a oviposição, a longevidade e a fecundidade. O extrato mais eficaz é o éter de petróleo a uma concentração de 5%, porque o inseto tratado com este extrato teve a oviposição mais curta, a longevidade e o número mínimo de ovos postos por escama.

Mais uma vez, os extractos testados podem ser organizados de acordo com o seu efeito na fase adulta de *P. tenuivalvata* na seguinte ordem decrescente: éter de petróleo > etanol >

água.

### 2.2.3- A fase de ovo:

Foi testado o efeito de diferentes extractos na duração do período de incubação dos ovos. Os resultados mostraram que o período de incubação dos ovos diminuía muito à medida que a concentração aumentava, atingindo o valor mínimo quando os ovos eram tratados com éter de petróleo a 5% e o valor máximo com água a 1,25%.

A percentagem de ovos que eclodiram diferiu muito nos diferentes tratamentos com extractos. A percentagem de eclosão dos ovos depende da concentração, ou seja, quanto maior a concentração dos extractos, menor a percentagem de eclosão dos ovos. O extrato de éter de petróleo teve um efeito mais forte do que os outros extractos na eclosão dos ovos.

## 2.3- Efeito dos tratamentos com o extrato, óleo, inseticida e controlo mais eficazes sobre os aspectos biológicos de *P.tenuivalvata:*

### 2.3.1 Fase ninfal:

Foi estudado o impacto de um extrato eficaz de centaury (éter de petróleo a uma concentração de 5%), óleo mineral (KZ 95%) e biocida (Vapcomic 1,8%) nos diferentes aspectos biológicos de *P. tenuivalvata.* Os resultados mostraram que a duração dos instares ninfais $1^{st}$ , $2^{nd}$ e $3^{rd}$ foi reduzida com todos os compostos testados.

A sobrevivência das ninfas foi afetada por diferentes tratamentos. Como indicado a partir dos adultos obtidos, a sobrevivência mínima (mortalidade máxima) ocorreu quando as ninfas foram tratadas com vapcomic, 1,8% (20% de adultos obtidos), enquanto a percentagem de sobrevivência aumentou para 25% quando as ninfas foram tratadas com extrato de planta de centauro espinhoso ou óleo KZ.

### 2.3.2 Fase adulta:

Foi estudada a eficácia de três tratamentos: extrato vegetal (éter de petróleo 5%), óleo mineral (óleo KZ, 95%) e biocida (vapcomic, 1,8%) sobre os aspectos biológicos dos adultos da cochonilha vermelha. O período de pré-oviposição foi afetado pelos tratamentos.

O período de oviposição foi grandemente afetado pelos diferentes tratamentos, tendo este período diminuído quando os adultos foram tratados com todos os compostos testados. Os diferentes tratamentos não tiveram qualquer efeito no período de pós-oviposição em *Pulvinaria tenuivalvata.*

A longevidade de (R.S.S.S.) foi afetada por diferentes tratamentos. A longevidade das escamas diminuiu.

A fecundidade do inseto *P. tenuivalvata* foi afetada por diferentes tratamentos. As fêmeas puseram a média mais baixa de ovos, 23,17±3,11, 27,45±3,04 e 39,65±2,4 ovos/escama quando foram tratadas com Vapcomic 1,8%, óleo KZ 95% e extrato de éter de petróleo 5%, respetivamente.

### 2.3.3 Fase de ovo:

O período de incubação dos ovos tratados com diferentes tratamentos foi afetado. As diferenças entre o controlo e os diferentes tratamentos foram altamente significativas.

O efeito na percentagem de ovos que eclodem parece também ser afetado pelos diferentes tratamentos. Quando os ovos foram tratados com os tratamentos testados, a percentagem de eclosão diminuiu de 93% no controlo para 36,5%, 42% e 50% no éter de petróleo 5%, vapcomic 1,8% e óleo KZ 95%, respetivamente.

## 3 - Experiências no terreno:

### 3.1 - Efeito dos diferentes tratamentos na população de cochonilhas.

**Furness (1983) e Ohkubo (1983)** concluíram que as pulverizações de óleo eram o principal material nos programas de gestão de pragas em citrinos na Austrália, quando os inimigos naturais, por si só, eram insuficientes para reduzir a população de cochonilhas. **Guignard *et.al.* (1984)** compararam o efeito dos piretróides fenvalerato, cipermetrina, deltametrina e flucitrinato na Suíça com o paratião-etilo (paratião) contra *Pulvinaria vitis, Empoasca vitis, Panonychus ulmi* e *Tetranychus urticae,* e artrópodes benéficos, especialmente espécies de *Typhlodromus* que se alimentam de ácaros fitófagos. Os piretróides foram considerados de interesse limitado, devido aos seus efeitos secundários, especialmente nos ácaros predadores. A menos que se encontrem estirpes destes predadores resistentes aos piretróides, estes produtos serão incompatíveis com a luta biológica contra os ácaros fitófagos. O controlo químico, principalmente com pulverizações de óleos contra *Eupulvinaria hydrangeae* (Steinweden) e *Pulvinaria regalis*

Canard, foi discutido por **Meirleire e Meirleire (1984)** em termos gerais em relação aos períodos de aplicação adequados. **Alford (1985)** testou o controlo químico da cochonilha da groselha em ensaios de campo em Gloucestershire, Reino Unido. Verificou que as pulverizações de grande volume de deltametrina a 1,75 g a.i. /100 litros de água e, em menor grau, de fenitrotião a 47,5 g aplicadas no início de junho reduziram eficazmente a incidência de exemplares imaturos de *Pulvinaria ribesiae* em arbustos frutíferos de groselha preta da cultivar Baldwin.

O controlo da *Pulvinaria vitis* foi estudado em vinhas fortemente infestadas no sul da Moldávia, na Roménia, por **Duschin (1986).** Foram realizadas experiências de controlo com Dibutox-25 CE (dinoseb) a 1, 1,5 e 2% durante o período de dormência invernal das videiras, e com Sintox-25 CE (etião) a 0,3%, Decis-2,5 CE (deltametrina) a 0,03% ou Carbetox-37 CE (malatião) a 0,3% durante o período de crescimento das videiras. O melhor resultado, em termos de mortalidade das cochonilhas e de rendimento eventual das uvas, foi obtido com uma aplicação de dinoseb a 2% durante o período de dormência, seguida de uma aplicação de deltametrina a 0,35 durante o período de crescimento.

Ensaios de campo efectuados por **Agaeva e Ismailov (1987)** no Azerbaijão mostraram que Bi 58 [dimetoato] e Anthio [formotão], ambos aplicados a 2 litros/ha, eram altamente eficazes (96-97 e 98%, respetivamente) contra a cochonilha do Cáucaso *(Pulvinaria sp.)* da videira. **Mamedov (1987)** investigou a eficácia dos insecticidas químicos contra a cochonilha, a cochonilha do Cáucaso *(Pulvinaria sp.)* infesta até 45% das videiras em plantações mais antigas e até 20-25% das mais jovens na zona de Kirovabad-Kazakh do Azerbaijão. Em testes de pulverização para o controlo das ninfas utilizando insecticidas recomendados para a proteção das videiras, incluindo soluções de DDVP (diclorvos) ou etafos em 1000-1200 litros líquidos/ha, e também uma solução de Elsan (fentoato) a 50% e.c., todas as preparações deram pelo menos 94% de mortalidade a 0,2% após 5 dias.

Duas aplicações destes materiais proporcionaram uma boa proteção das videiras em experiências a nível da produção.

Cochonilhas da mangueira - ocorrência no oeste de Uttar Pradesh, Índia, e seu controlo foram estudados por **Gupta e Singh (1988).** Foram observadas infestações graves de cochonilhas *Aspidiotus destructor, Aonidiella inornata* e *Pulvinaria polygonata*

*(Chloropulvinaria polygonata)* nas mangueiras. Foram testados catorze tratamentos insecticidas contra *P. polygonata* e *Aonidiella inornata* . A incidência média de cochonilhas foi de 93,9% (variação de 60 a 100%) em 24 pomares de 2 zonas do distrito de Bulandshahar. O número médio de cochonilhas por folha foi de 21-1640. O quinalfos e o monocrotofos, ambos a 0,05%, permitiram um controlo eficaz das ninfas *de P. polygonata.* **Srivastava *et.al.* (1989)** avaliaram doze insecticidas para o controlo da cochonilha da mangueira *Pulvinaria polygonata* Cockerel no campo. O monocrotofos e o diazinão a 0,04% e o dimetoato a 0,06% foram os que melhor controlaram a praga.

**Tondeur *et. al.(1990)*** selecionaram 6 insecticidas de entre 22 insecticidas de contacto testados em laboratório contra a cochonilha *Pulvinaria (Eupulvinaria hydrangeae* Steinweiden) para serem testados no terreno, na Bélgica, contra o coccídeo em árvores urbanas (Prunus, *Acer pseudoplatanoides, A. pseudoplatanus* e Hydrangea). O pirimifos-metilo, a permetrina e o amitraz foram considerados os mais promissores.

Na procura de opções de controlo mais selectivas que possam ser integradas no controlo biológico, **Lampson e Morse (1992) realizaram** um ensaio de eficácia contra a cochonilha negra, *Saissetia oleae* (Olivier), em laranjas Valência em Riverside, Califórnia. Três reguladores de crescimento de insectos (fenoxycarb, methroprene e teflubenzuron), abamectina e óleo de gama estreita foram comparados com um spray padrão não seletivo, carbaryl. A abamectina e o teflubenzurão foram testados em quatro intervalos (2 semanas), para avaliar o impacto do momento do tratamento na eficácia. Todos os materiais testados reduziram significativamente os níveis de cochonilha negra e compararam-se favoravelmente com o carbaryl. No entanto, o momento destes tratamentos em relação à fenologia da cochonilha negra afectou grandemente a sua eficácia. **Squerens *et. al.* (1992)** investigaram a eficácia do fenoxicarbe no controlo da *Eupulvinaria hydrangeae* (*Pulvinaria hydrangeae*), uma cochonilha mole que causa graves danos a muitas espécies de plantas ornamentais na região de Bruxelas, Bélgica. Foi realizada uma experiência com a formulação comercial Insegar, pó molhável (WP) a 25% de fenoxicarbe aplicado no campo em 3 concentrações (0,005, 0,01 e 0,02% eq. a.i.). Os resultados não mostraram qualquer diferença de eficácia entre as 3 concentrações quando aplicadas às larvas de 3° ínstar de *P. hydrangeae* (1ª data de pulverização), o fenoxycarb induziu 100% de mortalidade. Por outro lado, quando as populações de *P. hydrangeae* se encontravam na fase adulta (como nas 2ª e 3ª datas de pulverização), não foi encontrada qualquer diferença óbvia entre os tratamentos e a testemunha.

**Cui** *et.al.(1997)* registaram *Eupulvinaria citricola (Pulvinaria citricola)* e *Parthenolecanium persicae* durante pesquisas em pomares de dióspiros nos subúrbios da cidade de Shijiazhuang, China. *P. citricola* foi a espécie dominante e constituiu um novo registo geográfico. Foram estudadas as relações entre a fenologia dos dióspiros e os ciclos de vida dos insectos. O melhor período de controlo de *P. citricola* foi em meados de junho (durante a expansão dos frutos). A pulverização de monocrotofos ou ometoato reduziu os insectos em mais de 94%, mas pode atingir 100% se o monocrotofos for aplicado simultaneamente na copa das árvores. **Ansari** ***et.al.*** **(1998)** apresentou uma lista das pragas de artrópodes primárias e secundárias que afectam as culturas de cana-de-açúcar no Paquistão, tendo também incluído notas sobre o controlo.

A eficácia de uma mistura de óleo branco a 2 kg/100 litros + clorpirifos-etilo (22,1%) a 150 ml/100 litros + fluvalinato (10%) a 100 ml/100 litros contra a *Eupulvinaria hydrangeae* (*Pulvinaria hydrangeae*) na tília (*Tilia spp.*) foi avaliada em Itália por **Ferrari** ***et.al.*** **(1999)**. O tratamento de outono foi altamente eficaz e ecologicamente mais compatível do que os tratamentos clássicos de primavera/verão, que eram prejudiciais para os organismos benéficos.

No Egito, entre as décadas de sessenta e setenta, a utilização de certos compostos organofosforados e carbamatos, separadamente ou em combinação com óleos leves de petróleo, foi amplamente aplicada contra coccídeos na gestão integrada de pragas, **Ezzat e Rawhy (1966), Ali** ***et.al.*** **(1979) e Helmy** ***et.al.*** **(2001). Salama e Amin (1983)** testaram a sensibilidade de algumas cochonilhas ao malatião, dimetoato, metilparatião ou dicrotofos isolados a 0,15 - 0,20 %. Verificaram que duas pulverizações sucessivas em junho e setembro ou em combinação com óleos minerais a 2% eram mais eficazes do que uma única pulverização aplicada em qualquer uma das datas. Uma única pulverização em outubro com um óleo mineral a 2,5% sozinho ou em combinação com um composto organofosforado reduziu eficazmente a infestação nas folhas e rebentos, mas não nos frutos da laranja doce. As contagens pós-tratamento de várias espécies de insectos cochonilhas indicaram que este tratamento poderia manter o seu nível populacional baixo nas folhas e rebentos das árvores durante 612 meses. **Aly *et. al.* (1984)** avaliaram a eficácia de certos insecticidas organofosforados pulverizados no verão contra *Pulvinaria psidii* que infestava árvores de citrinos na província de Damietta. Verificaram que os cinco tratamentos: Anthio 33% E.C. a 0,03%, Tokuthion 50% E.C. a 0,02%, Malathion 57% E.C. a 0,03%, e Actellic 50% E.C. a 0,15% proporcionaram um bom controlo. Não foi observada qualquer fitotoxicidade em todos os tratamentos. Não foram detectadas diferenças significativas entre os insecticidas testados durante cada ano. Isto indica que todos os insecticidas testados deram resultados satisfatórios no controlo dos insectos; parece que a pulverização de verão é uma altura devidamente escolhida para uma aplicação bem sucedida. **Nada *et. al.* (1990)** testaram a eficácia de Actellic 50% E.C., Anthio 33% E.C., Malathion 57% E.C., Selcron 72% E.C. e óleo K Z contra *Chloropulvinaria psidii, Insulaspis pallida* e *Kilifia acuminate.* Os resultados indicaram que o controlo químico com organofosforado ou óleo de verão foi mais eficaz durante a primavera do que durante o inverno. Os dados mostraram que não houve diferenças significativas entre os insecticidas e o óleo de verão. As principais percentagens de redução variaram entre (83-94%) e (70-79) para os insecticidas e o óleo de verão, respetivamente. **Helmy *et.al.* (1992)** verificaram que o óleo KZ foi o mais eficaz entre os óleos minerais testados, em todas as concentrações, contra o inseto *Lepidosaphes beckii,* da cochonilha roxa dos citrinos. A fase ninfal foi a fase mais sensível às diferentes concentrações ao longo dos três meses após a pulverização. As fêmeas adultas foram muito afectadas em comparação com as outras fases, mesmo após seis meses. A percentagem de redução à taxa de 1,5% foi de 90,10%, 86,50% e 89,50% com o óleo KZ, o óleo Star e o óleo Misrona, respetivamente. **Helmy (2001)** testou três óleos locais comestíveis de verão (K.Z., Royal Super e Misrona), para além de dois óleos locais de inverno (Alboleum e Royal), contra o inseto da cochonilha mole da cana-de-açúcar, *P. tenuivalvata*, em El- Saff, província de Giza, Egito, durante 1997 e 1998. Verificou que as percentagens de redução da população de insectos variavam entre 93,4% e 96,6% no caso dos óleos miscíveis e entre 84,75 e 88,00% no caso dos óleos de inverno. Acrescentou que os estádios imaturos eram mais sensíveis do que o estádio adulto e que não se observaram nem fitotoxicidade nas plantas tratadas nem efeitos negativos para os inimigos naturais associados. **Helmy *et.al.* (2001)** estudaram a eficiência do almirante e do applaid

(50ml/100litros de água) contra o inseto da cochonilha mole da cana-de-açúcar na província de Quena. Verificaram que estes compostos reduziram a população desta espécie de praga com uma média de 71,3% e 73,8%, respetivamente. **Abd El-Rahman *et.al.* (2002)** mencionaram que os óleos minerais são menos nocivos para as espécies benéficas e para o ambiente. Concluíram que os óleos minerais podem ser utilizados como inseticida de segurança sem efeito fitotóxico. **Hannon *et.al.* (2002)** avaliaram a eficácia do CAPL-2 contra a cochonilha mais grave que ataca as goiabeiras, *Pulvinaria psidii* (Mask) (Homoptera: Coccidae) em Alexandria, e afirmaram que o CAPL-2 reduziu 86,8% e 85% das populações de *P. psidii* e *P. citri*, respetivamente, e não se registaram danos graves nas goiabeiras.

**Radwan (2003)** verificou que os insecticidas alternativos reduziram satisfatoriamente a incidência *de P. psidii* nas mangueiras. Os dados também indicaram que o efeito mais elevado dos compostos testados foi registado após 4 semanas após a pulverização. **Mannaa *et.al.* (2004)** estudaram a eficiência de certos compostos químicos na redução da população do inseto *Pulvinaria tenuivalvata* (Newstead), que infesta as folhas de plantas de cana-de-açúcar no Alto Egito. Investigaram e concluíram que o pyriproxyfen 10% EC (1 mL/Lit. água), capl-2, 95% EC (6,25 mL/Lit. água) e methomyl 90% SP (1,25gm/Lit. água) foram os compostos testados mais eficientes contra vários estádios de desenvolvimento do inseto Pulvinaria tenuivalvata infestando folhas de cana-de-açúcar, nos distritos de Quose ou Abo-Tesht, na província de Quena. Estes compostos químicos foram eficazes e apresentaram as percentagens de redução mais elevadas na população de *P. tenuivalvata.* Foi interessante notar que estes compostos candidatos não tiveram quaisquer efeitos fitotóxicos nas folhas ou caules da cana-de-açúcar, onde o crescimento vegetativo parecia saudável com cor verde. **Shalaby, et al. (2012)** afirmaram que visitas periódicas cobriram plantações de cana-de-açúcar no distrito de Attfeih (Governadoria de Gizé) durante as épocas de 2008 e 2009 para o levantamento de parasitóides da cochonilha mole da cana-de-açúcar Pulvinaria *tenuivalvata.* Os dados confirmaram que o paresitóide afelinídeo, *Coccophagus scutellaris*, é o principal parasitoide, uma vez que desempenha um papel ativo natural contra esta praga na natureza. Os resultados provaram que um número de um a dez adultos do parasitoide emergiram de um único hospedeiro, dependendo da idade do hospedeiro. O segundo instar ninfal foi o mais preferido para o parasitismo (96%), enquanto que as fêmeas maduras foram as que menos parasitaram (57%). A taxa sazonal média de parasitismo foi maior em 2009 (46,35%) do que em 2008 (41,05%J, indicando assim que *C scutellaris* desempenhou um papel importante na redução da população da praga nas plantações de cana-de-açúcar no distrito de Attfeih. Também foi conduzida uma experiência de campo na aldeia AI-Rawda (Governadoria de Menia) durante as mesmas estações (2008 e 2009), a fim de aumentar a proporção de parasitismo em *P. tenuivalvata* infestando plantações de cana-de-açúcar. As escamas moles parasitadas foram recolhidas de canaviais fortemente infestados para serem libertadas na área da experiência a uma taxa de 3 escamas parasitadas/planta. A liberação levou a aumentos no número de escamas moles parasitadas e na porcentagem de parasitismo em 170 e 117%/ respetivamente em 2008 e 163,1 e 139,8%/ respetivamente na temporada de cana-de-açúcar de 2009.

## 3.2- Efeito dos diferentes tratamentos no rendimento da cana-de-açúcar.

O controlo da *Pulvinaria vitis* foi estudado por **Duschin (1986)** em vinhas fortemente infestadas no sul da Moldávia, na Roménia. Este verificou que o melhor resultado, em termos de mortalidade das cochonilhas e eventual rendimento das uvas, foi obtido com uma aplicação de dinoseb a 2% durante o período de dormência, seguida de deltametrina a 0,35 durante o período de crescimento.

**Besheit *et. al.* (2002) estudaram** os efeitos da infestação de *P. tenuivalvata* no rendimento e na qualidade da cana planta, da soca de primeiro ano e da soca de segundo ano da cana-de-açúcar cv. G.T. 54/9 em El-Ashei, Alto Egito, em 1998, 1999 e 2000 foram estudados. Observaram que as reduções no peso do caule, na percentagem de extração de sumo, no brix (sólido solúvel total), na percentagem de açúcar da cana e do sumo, na percentagem de pureza do sumo e na produção de açúcar foram mais pronunciadas sob infestação grave do que sob infestação ligeira ou moderada. O açúcar reduzido e o rácio de glucose, no entanto, aumentaram com o aumento do nível de infestação. A cana planta registou o maior peso médio do caule e a maior percentagem de extração de sumo. As primeiras colheitas de soca registaram a maior percentagem de brix, rendimento de açúcar e percentagem de pureza, e o menor teor de açúcar e razão de glucose. **Dimetry e Abdel-Moniem (2004)** mencionaram que o inseto *Pulvinaria tenuivalvata* começou a infestar plantas de cana-de-açúcar *(Saccharum officinarum)* em diferentes distritos do Egito durante a última década. Registaram a percentagem de infestação na zona de El-Wakf, província de Qena (zona de moagem de Naghhamadi), no Alto Egito, em alguns campos. Havia três níveis de infestação: baixo, intermédio e elevado. Foram também selecionadas amostras para estudos físicos e químicos. Os resultados mostraram que os caules das plantas infestadas diminuíram de peso e o teor de açúcar (glucose e sacarose) foi drasticamente reduzido. A humidade primária e secundária e o teor de celulose também aumentaram nas plantas saudáveis em comparação com as infestadas. Todos os caracteres físicos das plantas infestadas foram significativamente afectados em comparação com as plantas saudáveis. **Saleh (2005) e Salama *et. al.* (2006)** mencionaram que existiam diferenças significativas entre os níveis de infestação por *P. tenuivalvata* e o peso do caule. O peso do caule diminuiu gradualmente com o aumento da percentagem de infestação, sendo de 13,9, 12,6 e 11,86 kg/10 plantas aos níveis de infestação de 50, 70 e 100%, respetivamente, na primeira época (2002). Na segunda época (2003) verificou-se a mesma tendência, tendo o peso do caule atingido 13, 11, 10 e 9,6 Kg/ 10 plantas aos níveis de infestação de 30, 50, 70 e 100%, respetivamente.

# Capítulo 3. Experiências no terreno:

## 3.1 - Efeito de diferentes tratamentos na população de *P. tenuivalvata* emAttfieh, em Giza Governorate:

O presente estudo foi realizado na região de Attfieh, na província de Gizé, durante o mês de outubro de 2005, e utilizou o extrato mais eficaz de centaury spicked (éter de petróleo 5%), biocida (Vapcomic, 1,8%) e óleo mineral (óleo KZ 95%) contra o (R.S.S.S.) que infesta as folhas de cana-de-açúcar.

### 3.1- 1. Efeito na fase adulta:

Os resultados obtidos mostram que a eficácia dos diferentes tratamentos testados contra a fase adulta de (R.S.S.S.) após três dias de pulverização, sete dias e duas semanas após os tratamentos. Os tratamentos suprimiram os níveis de infestação em diferentes graus em comparação com o controlo não tratado. A atividade do extrato etéreo de petróleo de centaury, Vapcomic e óleo KZ reduziu significativamente a percentagem de infestação para 33,81%, 36,82% e 60,71%, respetivamente, após três dias. Duas semanas após os tratamentos de pulverização, o extrato etéreo de petróleo de centaury picado, o Vapcomic e o óleo KZ tiveram uma atividade quase semelhante, com uma redução da infestação de 71,30, 77,08 e 86,56%, respetivamente.

### 3.1- 2. Efeito na fase ninfal:

A média das percentagens de redução na população da fase ninfal da cochonilha vermelha, na região de Attfieh, foi de 79,84% quando as ninfas foram tratadas com óleo de KZ, seguida de 73,02% e 67,22% com Vapcomic e extrato etéreo de petróleo de centaury spicked, respetivamente.

Os compostos testados são eficazes contra o inseto da cochonilha mole, *P. tenuivalvata*, na região de Attfieh. A importância destes compostos é devolvida para servirem como componentes em programas (IPM) para o controlo destas pragas de insectos e para o benefício da agricultura e do ambiente.

## 3.2- Efeito de diferentes tratamentos no rendimento da cana-de-açúcar:

Os diferentes tratamentos: extrato de éter de petróleo de centauro picado, óleo KZ e Vapcomic tiveram efeitos positivos no rendimento da cana-de-açúcar. A diferença entre as médias de rendimento após a utilização dos tratamentos foi altamente significativa quando comparada com o controlo.

Espera-se que os resultados obtidos no presente estudo possam ter valor prático para um controlo melhor e integrado desta grave praga de insectos.

**Tabela, 1: Eficácia de diferentes tratamentos contra *P. tenuivalvata* na produção de cana-de-açúcar.**

| Tratamentos | Concentração % | Rendimento médio Kg /parcela (42 m )² | Rendimento calculado Kg / feddan | Aumento do rendimento |
|---|---|---|---|---|
| P.E.S.C. * | 5.000% | 289.52b | 28952 | 1.27 |
| Óleo KZ 95% | 1.500% | 294.85c | 29485 | 1.29 |
| Vapcomic 1,8% | 0.005% | 295.78c | 29578 | 1.30 |
| Controlo não tratado | 0.000% | 227.10a | 22710 | 1.00 |
| F (valor) | | 964.28** | | |

As médias seguidas pela mesma letra nas colunas não são significativamente diferentes ao nível de 5%.

* P.E.S.C. = Extrato etéreo de petróleo de centauro picado.

# REFERÊNCIAS

**Abd El-Latif, A.O. (2004):** Estudos sobre o inseto *Pulvinaria tenuivalvata* (Newstead) que infesta a cana-de-açúcar no Alto Egito. *Tese de Mestrado, Fac. of Agric. Assuit Univ.150* pp

**Abd El-Rahman, S. M.; A.S.H. Abo-Shanab e S.A. Badr (2002):** Eficiência de alguns óleos minerais locais, insecticidas e suas misturas binárias em duas espécies de coccídeos e ácaros predadores de árvores Gawava no distrito de Alexandria. *J. Pest Cont. & Environ. Sci., 10(1):13-26.*

**Abd El-Samea, S. A. (2004):** Estudos sobre a biologia e a tabela de vida da cochonilha mole *Pulvinaria tenuivalvata* (Newstead) que ataca a cana-de-açúcar no Egito (Hemiptera: Homoptera: Coccidae). *Egito. J. Agric. Res., 82(1):* 121-130.

**Abraham, V. e P.R. Ramachander (1998):** Desenvolvimento de um plano de amostragem para estimar a população de colonos da cochonilha verde da goiaba *Chloropulvinaria psidii* (Maskell), (Pseudococcidae: Homoptera). *Actas do Primeiro Simpósio Nacional sobre Gestão de Pragas em Culturas Hortícolas Bangalore, Índia,* 15-17 de outubro de 1997: 40-42.

**Agaeva, Z. M. e F. Yu. Ismailov (1987):** Contra a escala de transcaucasião. *Zaghita Rastenii. Moskva,* 12:41-42.

**Alford, D.V. (1985):** Controlo químico da cochonilha da groselha em groselha preta. *Ann. Appl. Biol. 106 (6):2-3.*

**Ali, M. A.; A. S. El-Khouly; El-M. F. El-Metwally, e M. I. S. Shalaby (1997):** Primeiro registo da cochonilha da cana-de-açúcar, *Saccharolecanium krugeri* (Zehntner) em Gizé, Egito. *Bull. Ent. Soc. Egypt, 75*:156-159.

**Ali, M.A.; A. S. El-Khouly; El-M.F El-Metwally, e M. I. S. Shalaby (2000):** Ocorrência, distribuição e hospedeiro da cochonilha mole da cana-de-açúcar, *Pulvinaria tenuivalvata* (Newstead) no Alto Egito. *Bull. Ent. Soc. Egypt, 78*:243-250.

**Ali, M. A.; A. S. El-Khouly; E. F. El-Metwally e M. S. Shalaby (2002):** Factores que afectam a fenologia da cochonilha mole da cana-de-açúcar, *Pulvinaria tenuivalvata* (Newstead) (Homoptera : Coccidae) no Egito, *2nd Conferência Internacional, Instituto de Investigação sobre Proteção das Plantas, Cairo, Egito, 21-24 de dezembro de 2002, 1*:526-531.

**Ali, A. M.; M.F. Abu-Gadir; A. G. A. Salman; A.M.K. El-Sayed e S. H. Mannaa (1979):** Avaliação de insecticidas e do momento da sua aplicação para o controlo das cochonilhas vermelha e negra da laranjeira em Assiut, Alto Egito. *Bull. Entomol. Soc. Egypt, Econ. Ser.11:* 173-180.

**Aly, A. G.; S. M. Nada; S. M. Assem; Z. K. Mohammed e E. A. Elwan (1984):** O efeito de certos insecticidas organofosforados como pulverização de verão contra *Pulvinariapsidii* (Mask.) em árvores de citrinos. *Agric. Res. Rev., 62(1):* 105-108.

**Relatório anual (1978):** Mauritius Sugar Industry Research Institute, 1977, (3+) 84+xvpp [En.27 Fig. (Manycol)].

**Relatório anual (1987):** Instituto de Investigação da Indústria do Açúcar das Maurícias,

1986. Pragas, 4344.

**Ansari, A. H.; A. G. Khanzada e A. R. Arain (1998):** Pragas de insectos associadas à cultura da cana-de-açúcar e seu controlo. *Pakistan Sugar Journal, 13(3)* :12-19.

**Arnold. C. e C. Sengonca (2000):** A cochonilha do castanheiro *Pulvinaria regalis* Canard (Homoptera: Coccidae) é ou não um problema para as árvores ornamentais em zonas urbanas? *Mitteilungen der Deutschen Gesellschaft fur allgemeine und angewandte Entomologie. 12 (1-6):* 93-96.

**Arnold, C. e C. Sengonca (2003):** Possibilities of biological control of the horse chestnut scale insect, *Pulvinaria regalis* Canard (Homoptera: Coccidae), on ornamental trees by releasing its natural enemies, *Zeitschrift fur Pflanzenkrankheiten und Pflanzenschutz, 110(6):* 591-601.

**Atries, I.E. (1966):** Estudos sobre a fauna de insectos dos canaviais. *Tese de Mestrado, Fac. Agric., Assiut Univ.,* 246pp.

**Avasthi, R. K. e S. A. Shafee (1989):** Key to genera and records of some species of Coccinae (Homoptera: Coccidae) from India. *J. Bombay Nat. Hist. Soc., 86(3)* :468-471.

**Azab, S. G.; M. M. Sadek; Z. H. Khalil; M.R. Mahmoud ; P. Baron; M.R. Bayoumi (2003):** Estudos de microscopia eletrónica de luz e de varrimento sobre as várias fases da cochonilha *Pulvenaria tenuivalvata* (Hemiptera, Coccidae), que ataca a cana-de-açúcar. *Actas da conferência internacional "Arab region and Africa in the world sugar context", Assuão, Egito, 9-12- março-2003.*

**Badr, N.A.; A.G. El-Sisi e M.A. Abdel-Meguid (1995):** Avaliação de alguns óleos de petróleo formulados localmente para controlar o verme da folha do algodão. *J.Agric. Sci., Mansoura Univ., 20(5)* :2527-2562.

**Bakry, M. M. S.; G. H. Mahmoud; S. Abd-Rabou e S. M. El-Amir (2012):** Atividade sazonal do inseto de escala macia com listras vermelhas, *Pulvinaria tenuivalvata* (Hemiptera: Coccidae) infestando campos de cana-de-açúcar em Qena, Egito. Egypt. Acad. J. Biolog. Sci., 5(3): 69 -77.

**Ben-Dov, Y. e C.J. Hodgson (1997):** Soft scale insects, their biology, natural enemies and control. *Elsevier, Amesterdão e Nova Iorque,* 456pp.

**Besheit, S.Y.; A. A. Abaziad; A. M. E. S. Gomaa e A.S.A. El-Hamd (2002):** The influence of the infestation by the soft scale insect, *Pulvinaria tenuivalvata* (Newstead), Coccodae, Homoptera, on sugarcane stalk weight, juice quality and sugar yield in Upper Egypt. *Assiut J. Agric. Sci., 33 (4):* 1728

**Bhagat, R. C.; A. Ramzan e N. Farhan (1991):** New records of scale insects (Homoptera: Coccoidea) and host-plants from Kashmir Valley, India. *Entomon, 16(1):91-94.*

**Calabertta, G.; S. Inserra; G. Ferlito e F. Conti (1986):** A ação dos óleos minerais brancos contra a cochonilha da cera do figo *(Ceroplastes rusci* L.) nos frutos. Integrar o controlo de pragas nos pomares de citrinos. *Actas da reunião de peritos, Acireale, 26-29 de março de 1985.*

**Campos, M.S. (1993):** *Pulvinaria* sp. em cana-de-açúcar sob condições de insetário,

Revista de Revista de Proteção Vegetal.8 (3):237-240. Citado de R. A. E. *Ser. A., 85(5)*: 624.

**Cranshew, W. e E. Hart (1988):** Rogue's gallery. A 'most unwanted' list of honey locust pests. *American Nurseryman. 168(7):* 68-71, 74-75.

**Cui, S. Y.; Y. M. Zhao e Z. G. Qi (1997):** Estudo sobre as escamas do dióspiro e seu controlo. *Forest-Research, 10(5):* 514-518.

**De Lotto, G. (1965):** Sobre alguns Coccidae (Homoptera), principalmente de África. *Bull. Br. Mus. Nat. Hist. Ent., 16:175-239.*

**Dent, D. (1991):** Gestão das pragas de insectos. C. A. B. International.

**Dimetry, N. Z e A. S. H. Abdel-Moniem (2004):** Variabilidade física e química em campos de cana-de-açúcar infestados pelo inseto *Pulvinaria tenuivalvata* (Newstead). *Archives of Phytopathology and PlantProtection, 37(4):* 327-337

**Duschin, I. (1986):** Investigações sobre a bioecologia e o controlo da cochonilha lanosa da videira *(Pulvinaria vitis* L.). *Cercetari Agronomice in Moldova, 19(4):* 55-59.

**Dutta, S.K. e M.C. Devaiah (1988):** Incidência sazonal da cochonilha da cana-de-açúcar *Melanasapis glomerata* (Green) e do seu parasitoide, *Anabrolepis mayurai* (Subaru), na cana-de-açúcar em soca. *J. Res, Assam Agric.Univ. 9(1-2)*:38-42.

**El-Sebae, A. H.; F. A. Hossam El-Dean; M. Abo El-Amayem e A. El-Amarie (1976):** Estudos sobre a estrutura química e a atividade inseticida de óleos de pulverização locais. *2nd Arab Conf. Perochem, AboDhabi, (5)*:4.

**El-Serwy, S.A. (2001/2002):** Ecologia, biologia e inimigos naturais da *Pulvinaria tenuivalvata* (Newstead) (Hemiptera: Coccidea), uma praga da cana-de-açúcar no Egito. *Bull. Ent. Soc. Egypt, 79:* 13-35.

**Erkilic, L. B. e N. Uygun (1997):** Studies on the effects of some pesticides on white peach scale, *Pseudaulacaspis pentagona* (Targ-Tozz) (Homoptera: Diaspididae) and its side-effects on two common scale insect predators. *Proteção das culturas, 16(1):69-72.*

**Ezzat, Y. M. e S. H. Rawhy (1966):** Controlo de certos insectos cochonilhas que infestam os citrinos na U.A.R. Minist. *Agric. Pl. Prot. Dep. U.A.R.* 46pp. (C.F. R.A.E. /A 57 ABS.1068, 1969.

**Ezzat, Y. M. e S. M. A. Nada (1986):** Lista da superfamília Coccidae conhecida no Egito. *Bull. De Laboratorio Di Entomologia Agraria "Filipo- Silvestri", Itália,43:85-90.*

**Ferrari, M; R. Bondavalli; A. Catellani; A. Fontani e A Barani (1999):** Nova técnica para o controlo de *Eupulvinaria hydrangeae* em árvores de rua de cal. *Informatore Fitopatologico,* 49(3): 56-58.

**Fitzgibbon, F.; P. G. Allsopp e P. J. de Barro (1999):** Chomping, boring and sucking on our doortep - the menace from the north. *Actas da Conferência de 1999 da Sociedade Australiana de Tecnólogos da Cana-de-Açúcar, Townsville, Queensland, Austrália, 27-30 de abril de 1999.* 149-155.

**Furness, G. O. (1983):** O papel dos sprays de óleos de petróleo em programas de gestão de pragas em citrinos na Austrália. *Proc. Int. Soc. of Citriculture, Tokyo, Nov. 9-12(2):* 607-611.

**Giron, P.K.; B.L.A. Lastra; L.L.A. Gomez e C.N.C. Mesa (2005):** Observações sobre a biologia e os inimigos naturais de *Saccahricoccus sacchari* e *Pulvinaria pos elongata,* dois homópteros associados à formiga louca na cana-de-açúcar, *Sociedad Colombiana de Entomologia, 31(1):* 29-35.

**Grove, T. (1999):** A cochonilha de pó branco *Cribrolecanium andersoni,* em citrinos, *Nelteropika Bull., 30(3):*38-40.

**Guignard, E.; P. Antonin e M. Baillod (1984):** Eficácia e efeitos secundários de alguns insecticidas utilizados contra as larvas da videira. *Revue Suisse de Viticulture, d'Arboriculture et d'Horticulture, 16(6):* 338-346.

**G-Ullah, M. R. (1992)**: Efeitos sazonais na taxa de desenvolvimento e fecundidade de cochonilhas, *Pulvinaria psidii* Maskell e *Pulvinaria floccifera* (Westwood) (Homoptera: Coccidae). *Annals-of-Entomology. 10 (2):* 7-11.

**G-Ullah, M. R. e H. R. Das (1995):** Biology of the betel vine scale insect, *Pulvinaria maxima* (Green) (Homoptera: Coccidae. Estudos da Universidade de Chittagong, *Ciência, 19(1):* 115-119.

**Gupta, B. P. e Y. P. Singh (1988):** Mango scale insects occurrence in western Uttar Paradesh and their control. *Progressive Horticulture 20(3-4):* 358-361.

**Gururaj, R. (1992)**: Relatório sobre a ocorrência da cochonilha do nim na amoreira. *Boletim de Entomologia de Nova Deli. 33* (1-2): 165-167.

**Hannon, M. A.; A. A. S. Fata e M. E. Abd El-Ati (2002):** Effect of some biocides on leaf minor, *Liromyza spp.* (Diptera: Agromyzidae) and white fly, *Bemisia tabaci* (Homoptera: Aleyrodidae). *J. Pest. Cont. & Environ. Sci., 10(1):* 115-126.

**Helmy, Ekram I. (2001):** Eficiência de certos pesticidas alternativos; óleos minerais locais contra o inseto *Saccharolecanium krugeri* (Zehntner) que infesta a cana-de-açúcar em Giza, Egito. *Proc. 1st Conf. sobre Alternativa Segura de Pesticidas para IPM. Universidade de Assiut, Assiut (28-29 de outubro de 2001):* 91-98.

**Helmy, E. I.; F. A. Yousef; W. El-Deep e F. A. Ibrahim (1992):** Effect of certain mineral oils on the citrus purple scale insect, *Lepidosaphes beckii* (Mewm) and their influence on plant structure. *Egito. J. Agric., 70(3)2817* 825.

**Hendawy, A. S. A. (1999):** Estudos sobre certos inimigos naturais de cochonilhas que atacam goiabeiras na província de Kafr El Sheikh. *Tese de doutoramento, Fac. Agric. Tanta Univ.,* 145pp.

**Hippe, C.; J.E. Frey; C. Hodgson (ed.) e F. Porcelli (1999):** Biology of the horse chestnut scale, *Pulvinaria regalis* Canard (Hemiptera: Coccoidea: Coccidae), in Switzerland. *Entomologica. 33:* 305-309.

**Hoffmann, C. e H. Schmutterer (1999):** A cochonilha do pêssego europeia *Parthenolecanium persicae* - uma nova praga da videira no sudoeste da Alemanha. *Anzeiger für Schkdlingskunde, 72 (2):* 52-54.

**Jansen, M. G. M. (2000):** As espécies de Pulvinaria nos Países Baixos (Hemiptera: Coccidae). *Entomologische Berichten, 60(1):1-11.*

**Kapatos, E. T. e E. T. Stratopoulou (1990)**: Dinâmica populacional de *Saissetia oleae.*

II-Tabelas de vida e análise de factores-chave. *Entomologyia Hellenica, 8*:5964.

**Kaydan, M.B.; S. Ulgenturk; S. Toros; F. Kozar e G. Pellizzari (2001):** Distribuição de insetos de escala (Homoptera: Coccoidea) de áreas naturais e agrícolas em Kapadokya, Turquia. *Actas do ISSIS IX Simpósio Internacional sobre Estudos de Insectos de Escama, Pádua, Itália, 2-8 de setembro de 2001, 33(3):* 253-257.

**Kozarzevskaja, E.; A. Vlainic e E. Kozarzhevskaya (1981):** Injúria e distribuição de insectos cochonilhas (Homoptera: Coccoidea) em biótopos culturais em Belgrado. *Sumarstvo, 34(4):13-26.*

**Lagowska, B. (1997):** O efeito da temperatura nos caracteres morfológicos de *Pulvinaria vitis* (L.) (Homoptera: Coccidae). Polskie Pismo *Entomologiczne ,66(1/2):17-25.*

**Lampson, L.J. e J.G. Morse (1992):** Impact of insect growth regulators on black scale, *Saissetia oleae* (Olivier) (Homoptera: Coccidae), and inter-tree dispersal. *Journal of Agricultural Entomology, 9(3):* 199-210.

**Lotto, G. D. E. (1979):** The soft scales (Homoptera: Coccidae) of South Africa, *J. Ent. Soc. of Afr, 42 (2)* :245-256.

**Maareg, M.F.; M. A. Hassanein e A.M. AbuDooh (1992):** Preliminary survey of the scale insects attacking sugar-cane in Egypt. *Communications in Science & Development Research, 495*:223-230.

**Malumphy, C. (1988):** Wooly scales in Britain Garden,U.K. *113(7)*:377-379.

**Mamedov, D. (1987):** Eficaz contra as escamas. Zashchita Rastenii, Inst. Baxu, URSS, 2:49.

**Mannaa, S. H.; Y. A. Darwish; A. O. Abd EL-Latif e A. M. A. Salman (2004):** Eficiência de certos compostos químicos na redução da população do inseto *Pulvinaria tenuivalvata* (Newstead) que infesta as folhas das plantas de cana-de-açúcar no Alto Egito, *The 4th Scientific Conference of Agricultural Sciences, Assiut, December, 2004:* 44-50.

**Meirleire. H. e H. De. Meirleire (1984):** Culturas hortícolas. *Pulvinaria* scales of ornamental trees: two species that should not be confused. *Phytoma, 354*: 3738.

**Merlin, J.; J. C. Gregoire; M. Dolmans; M. R. Speight; J. M. Pasteels e C. Verstraeten (1988):** Preliminary comparison of two scale insect species on broad-leaved trees in western-Europe, Mededelingen van de Faculteit Land bouwwetenschappen, *Rijksuniversiteit Gent, 53 (3a)*:1153-1158.

**Morallo-Rejesus, B.; H. Maini; A. Sayaboc; H. Hernandez e E. Quintanta (1992):** Ação inseticida de *Curcuma longa. Malaysian Plant Protection Soc.* 2:91-94.

**Nada, S.; S. Abd-Rabou e G. E. Hussein (1990):** Insectos cochonilhas que infestam as mangueiras no Egito (Homoptera: Coccoidae). *Proc. Issis. VI, Cracóvia, Parte II:* 133134.

**Naddagopal, V. e H. David (1990):** Biologia de um inseto cochonilha, *Greenaspis decurvata* Green (Homoptera: Daiaspidiidae) na cana-de-açúcar. *Entomol., 15(1- 2):63-68.*

**O'Connor, J. P. e H. Fox (2000):** The Horse Chestnut Scale *Pulvinaria regalis* Canard (Hemiptera:Coccidae) new to Ireland. *Entomologist's Gazette, 51(2)* :145-146.

**Ohkubo, N. (1983):** Papel da pulverização de óleo de petróleo num sistema integrado de gestão de pragas em culturas de citrinos no Japão. *Proc. Inter. Soc. Citriculture,* Tóquio, Nov. 912, *2*: 611-614.

**Osman, K. S. M. (2004):** Estudos ecológicos sobre o inseto *Pulvinaria tenuivalvata* (Newstead) (Hemiptera: Coccidae), com especial referência à distribuição em três regiões foliares e cinco direcções geográficas de plantações de cana-de-açúcar. *J. Egypt. Ger. Soc. Zool. 44(E):* 43-50.

**Panis, A. (1975):** "Une pulvinaria de la canne sucer dintroduction recente au Maroc (Homoptera, Coccoidae, *Coccidae)". Revue Zool. Agric. Path. Veg., 74:*147153.

**Qin, T. K. e P. J. Gullan (1992):** Arevisão das escamas moles Pulvinariine australianas (Insecta: Hemiptera: Coccidae). *J. Nat. Hist., 26 (1):* 103-164.

**Radwan, H. S. A.; Z. A. Bermawy; G. E. El-ghar; W. M. El-Deeb e L.T.M. Zidan (2002):** Impacto biológico de vários óleos derivados de plantas e diferentes estágios de desenvolvimento da mosca branca da batata-doce, *Bemisia tabaci* (Genn.). *A Primeira Conf. de Agri-Pesticida Central,* Lab. *(3-5):686-700.*

**Raushan, G. M. e H. R. Das (1995):** Biology of the betel vine scale insect, *Pulvinaria maxima* (Green) (Homoptera: Coccidae). *Chittagong Univ. Studies, Part II: Sci, 15(1/115-119.*

**Ronald, F.L.M. e M.K.L. Jayma, (1992):** The green shield scale, *Pulvinaria psidi* (Maskell), hosts, distribution, damage, biology, behavior and management, http//www. extento ,Hawaii *:edu/ kbase /crop /type /P.psidi.htm.*

**Saad, A. G. A. (1980):** Estudos sobre insectos de palmeiras pertencentes a coccidae no Egito. *Tese de Doutoramento, Fac. Agric., Al-Azhar Univ., Cairo, Egito.*

**Salama, H. S. (1972):** Sobre a densidade populacional e a bionomia de *Parlatoria blanchardii* (Targ.) e *Mycetaspispersunatus* (Comst.)(Hom., Coccidae). *Z. Ang. Entomol., 70(4)* :403-407.

**Salama, H. S. e A. H. Amin (1983):** Chemical control of scale insects (Homoptera: Coccidae) infesting citrus trees in Egypt. *Crop Protection, 2(3):* 317-324.

**Salama, R. A. K.; E. F. El-Metwally e H. A. Saleh (2006):** Effect of different infestation levels by the red striped soft scale insect, *Pulvinaria tenuivalvata* (Newstead) on certain physical and chemical sugarcane properties, *Egypt. J. of Appl. Sci., 21(1):277-286.*

**Saleh, H. A. M. (2005):** Impacto da infestação do inseto *Pulvinaria tenuivalvata* (Newstead) na quantidade e qualidade da planta de cana-de-açúcar sob práticas culturais. *Tese de Doutorado Fac. Agric. Univ. do Cairo,* 143pp.

**Savescu, A. (1985):** Espécies de coccidae novas para a ciência registadas na Roménia, espécies pertencentes aos géneros Pseudococcus Westw., Phenacoccus Ckll.,Paroudablis Ckll.,Eupeliococcus Savescu, Heterococcus Ferris, Acanthococcus Sign. ,Luzulaspis Ckll. , Pulvinaria Targ. ,Diaspidiotus Leon. e Lepidosaphes Shim. (Homoptera: Coccidae). Bulletinde l· Academie des sciences, *Agricoles et Forestieres,14:*103-130.

**Schmitz, G. (1997):** O espetro de hospedeiros de *Pulvinaria regalis* Carnard (Hom., Coccidae). *Gesunde Pflanzen , 49(2):43-46.*

**Sengonca, C. e C. Arnold (1999):** Estudo sobre a distribuição da cochonilha do castanheiro *Pulvinaria regalis* Canard (Hom., Coccidae) na Alemanha nos anos de 1996 a 1998. *Anzeiger für Schkdlingskunde, 72(6):153-157.*

**Sengonca, C. e T. Faber (1995):** Observações sobre a cochonilha recém-importada *Pulvinaria regalis* Canard, em árvores urbanas em algumas áreas urbanas do norte da Renânia. *Zeitschrift fur. Pflanzenkrankheiten Und Pflanzenschutz. 102(2):*121-127.

**Sengonca, C. e T. Faber (1996):** Estudos sobre os estádios de desenvolvimento da cochonilha do castanheiro da Índia, *Pulvinaria regalis* Canard (Hom., Coccidae), em campo aberto e em laboratório. *Anzeiger für Schúdlingskunde, Pflanzenschutz, Umweltschutz, 69(3J.*-59-63.

**Shalaby, F.F.; A.A. Hafez; E.F.D. El-Metwally e I.R.M.A. El-Zoghby , (2012):** Controle biológico aplicado de *Pulvinaria tenuivalvata* em campos de cana-de-açúcar, liberando seu principal parasitoide, *Coccophagus scutellaris*. Egito, J. Agric. Res., 90(2): 175 - 186

**Shalaby, M. S. I. (2002):** Estudos ecológicos e biológicos sobre a cochonilha da cana-de-açúcar *Pulvinaria tenuivalvata* (Newstead) que infesta a cana-de-açúcar na província de Giza. *Tese de doutoramento, Fac. of Agric. Al-Azhar Univ.*209pp.

**Speight, M.R. (1991):** O impacto da alimentação foliar por ninfas da cochonilha do castanheiro, *Pulvinaria regalis* canard (Homoptera: Coccidae) em árvores hospedeiras jovens. *J. Appl. Entom.112 (4) :389-399.*

**Speight, M. R.; R. S. Hails; M. Gilbert e A. Foggo (1998):** Escama do castanheiro-da-índia *(Pulvinaria regalis)* (Homoptera: Coccidae) e ambiente da árvore hospedeira urbana. *Ecology, 79(5):* 1503-1513.

**Squerens, N.; R. Tondeur; C. Verstraeten e B.C. Schiffers (1992):** Controlo da cochonilha mole das plantas ornamentais (*Epulvinaria hydrangeae* Steinweden) (Homoptera: Coccidae) utilizando um regulador de crescimento de insectos, fenoxycarb. *Simpósio Internacional sobre Proteção das Culturas, 57(3A):* 791-800.

**Sridharan, S.; R. Seemanthini e S. Thamburaj (1989):** Association of weather factors with the population dynamic of green bug and mealy bug in mandarin orange in Shevroy hills of Tamil Nadu. South Indian. *Horticulture, 37(5):267-* 269.

**Srivastava, R. P.; S.R. Abbas; S. Sharma e M. Fasih (1989):** Avaliação de campo de insecticidas para o controlo da cochonilha da manga *Pulvinaria polygonata* Cockerel. *Indian J. Ent. 51(4):* 470-471.

**Stratopoulou, E. T. e E.T. Kapatos (1990):** Dinâmica populacional de *Saissetia oleae.* 1-Avaliações da população e da mortalidade. *Entomologia. Hellenica, 8*:53-58.

**Swailem, S. M. (1972)**: Sobre a bionomia da cochonilha longa da goiabeira, *Lepidosaphes tapleyi* Williamis (Homoptera: Diaspididae). *Bull. Soc. Entomol. Egito, Lvi, 163:170.*

**Swaminathan, R. e S. K. Verma (1991):** Studies on the incidence of date-palm scale, *Parlatoria blanchardii* (Targ.) in western Rajasthan. S.K.N. Call. Agric., Jobner (Rajasthan), *India Ent., 16(3):* 211-221.

**Tatara, A. (1987):** Distribuição espacial de quatro pragas de homópteros num pomar não controlado de tangerinas Satsuma em Shimizu, na província de Shizuoka, com especial referência ao fator de surto de duas delas, a cochonilha dos citrinos e a mosca branca dos citrinos. Boletim da *Estação Experimental de Citrinos* da *Província de* Shizuoka.*23:15-29.*

**Tanaka, H. e H. Amano (2005):** Uma nova espécie de *Pulvinaria* (Homoptera: Coccidae) e um novo registo da localidade de *Pulvinaria neocellulosa. Entomol. Science. 8(1):* 79-84.

**Tao, C. C.; C. Wong e Y. Chang (1983):** Monografia de Coccidae de Taiwan, República da China (Homoptera: Coccidae). *J. Taiwan Mus., 36(1):*57-107.

**Tohamy, H. T. (1999):** Estudos ecológicos sobre certas pragas da cana-de-açúcar no Médio Egito. *Tese de Doutoramento, Fac. of Agric. El-Minia Univ.* 200pp.

**Tohamy, H. T.; S. A .Murad; K. A Mowafi e S. F. Twfik (2002):** Estudos ecológicos sobre o inseto *Pulvinaria tenuivalavata* (Newstead) em campos de cana-de-açúcar na região de Minia, Médio Egito. *2nd International Conference, Plant Protection Research Institute, Cairo, Egito, 21 -24 de dezembro de 2002. 1* : 585-593.

**Tondeur, R.; B.C. Schiffers e C. Verstraeten (1990):** Comparação da eficácia de 22 insecticidas de contacto contra a cochonilha *Pulvinaria (Eupulvinaria hydrangeae*, Steinweiden). Mededelingenvan de Faculteit Landbouwwetenschappn, *Rijksuniversiteit Gent.55 (2b):* 637- 646.

**Tripathi, S.R. e P. Tewary (1989):** Biology of the sugar-cane insect *Melanasapis glomerata* (Green) (Diaspididae,Cocciodea). *Journal of Advanced Zoology, 5(2)*:68-78.

**Washburn, J. O. e G.W. Frankie (1985):** Biological studies of ice plant scales, *Pulvinariella mesembryanthemi* and *Pulvinaria delottoi* (Homoptera: Coccidae), in California. *Hilgardia, 53 (2):27* pp.

**Washburn, J. O.; G.W. Frankie e J. K. Grace (1985):** Effects of density on survival, development and fecundity of the soft scale, *Pulvinariella mesembryanthemi* (Homoptera:Coccidae) and its host plant. *Envir. Ent. , 14(6)* :755-761.

**Washburn, J.O. e L.Washburn (1984):** Dispersão aérea ativa de pequenos artrópodes sem asas: exploração de gradientes de velocidade na camada limite. *Science,-USA, 223(4640):* 1088-1089.

**Watson, G.W. e I. Foldi (2001/2002)**: A identificação da cochonilha vermelha da cana-de-açúcar no Egito, *Pulvinaria tenuivalavata* (Newstead) (Hemiptera: Coccidae). *Bull. Ent. Soc. Egypt, 79:37*- 42.

**Williams, D.J. (1980):** A identidade de *Lecanium krugeri* Zehntner (Hemiptera: Coccidae) e sua distribuição na cana-de-açúcar no sul da Ásia. *Bull. Ent. Res. 70*:435-437.

**Williams, D.J. (1982):** *Pulvinaria iceryi* (Sign.) (Hemiptera: Coccidae) e seus aliados em cana-de-açúcar e outras gramíneas. *Bull. Ent. Res. 72*:111-117.

**Williams, J. R. (1978):** Relatório sobre a pou a poche blanche *Pulvinaria iceryi*(Sign.) Reduit. *Instituto de Investigação da Indústria Açucareira da Maurícia.* 29pp.

Printed by Books on Demand GmbH, Norderstedt / Germany